図解

眠れなくなるほど面白い

数と数式の話

教育評論家
小宮山博仁
監修

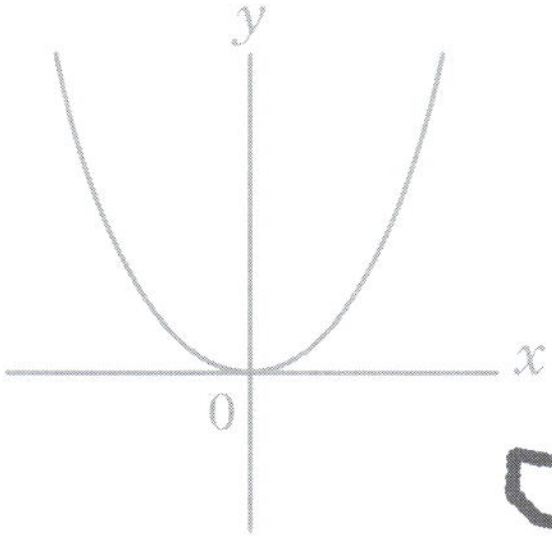

$2:x=(x-2):2$

$y=ax^2$

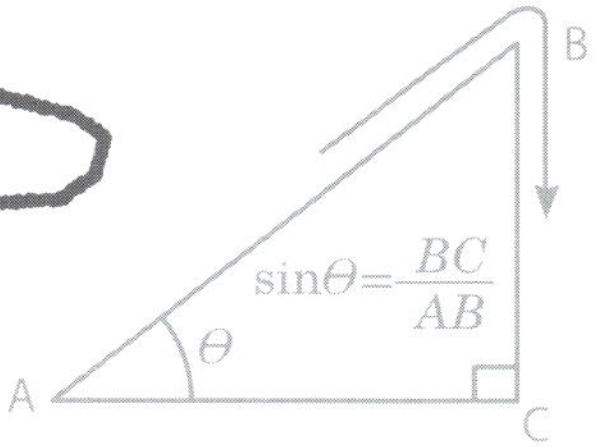

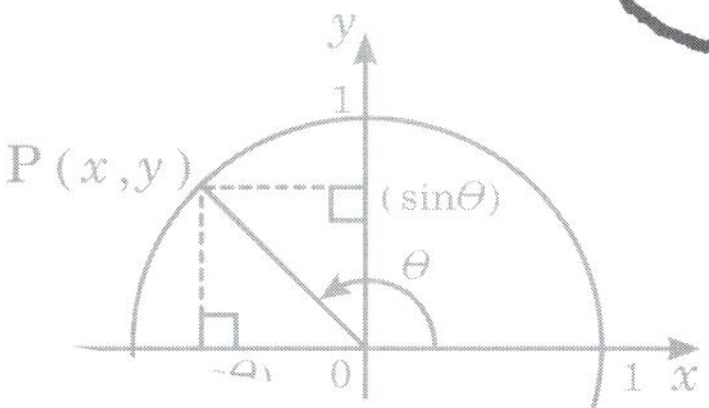

$n!=n\times(n-1)\times(n-2)\cdots\cdots3\times2\times1$

日本文芸社

まえがき

「数学」という2文字が目に入ってくるなり「数学ムリムリ」と言わないまでも、「何か気難しくて……」と思っている人は多いのではないでしょうか。この本は「数式を見ただけで頭が…」と思ってしまいそうな人のための「数学の読み物」です。

2020年から始まる学習指導要領では「会話力」を重視しています。人と人との考えや心をつなぐ方法としての「コミュニケーション力」が脚光を浴びてきます。主に話す、読む、書くといった手段がありますが、話すこと以外は「記号」を使って意思を伝達します。日本語なら漢字やひらがなやカタカナを使います。「あ」「ア」「亜」といった記号を組み合わせて気持ちを表現します。英語や独語や仏語なら「a、b、c…」といったアルファベットという記号です。ハングル文字、アラビア文字も記号です。

数学の本なのにまえがきで言語の話が出てくるのは何故？　と思ったのではないでしょうか。実は数学の数式はほぼ全世界で通用する記号を使っています。

日本語・中国語・英語・アラビア語などの言語は、その地域に住む一部の人にしか通じません。ところが「1＋2＝3」「$(a-b)^2=a^2-2ab+b^2$」といった式や「√、π、△、∠、Σ」といった記号は、全世界共通の記号です。数学を学んだ人なら、数学に関しては記号や式だけでお互い理解できるのです。まさにグローバル化した社会での共通言語だ、数式や数学の記号といってもよいかもしれません。

数学には「2つの顔」があります。一つは、「実用的」な数学という顔です。古代バビロニアやエジプトでは、生活と密着した数学が発達しました。土地の面積などを測るために文字や数字が発明され、数学の知識が蓄積されていったことが予測できます。紀元前１８００年頃には『アーメス・パピルス』という数学書が存在していたことがわかっています。また数学のおかげで、産業革命以降科学技術が飛躍的に発達したことも知られています。

もうひとつは「神秘的な美しさ」という顔です。

数学の記号だけを操作して整然とした公式や定理を導き出すという、神秘的な行為や美しさに魅了される人も多いと思います。

紀元前５７０年頃のギリシアの数学者であるピタゴラスもその1人です。ピタゴラスは実は著名な哲学者でもありました。ピタゴラス学派は「世界の根源は数である」とし、数の神秘的な美しさに最初に気付いた人々であったことがわかっています。

この本は数学の実利的な面と神秘的な面を意識して書いてみました。数学って「何か自分に役に立ちそう」と思っていただけたら、著者としてこれ以上の喜びはありません。最後に数学の本を読む極意を伝達しておきます。「わからないことがあったら気にせず次の項や章に進む」、ぜひ実行してみてください。

あとがきを読むと、この極意の意味がわかります。さあ、数学の旅に出てみませんか？

２０１８年11月吉日　小宮山博仁

眠れなくなるほど面白い

図解 数と数式の話

もくじ

Contents

・カバーデザイン／BOOLAB.
・本文DTP／松下隆治
・編集協力／酒井和子
オフィス・スリー・ハーツ

※中学数学の問題にチャレンジは小社刊『面白いほどよくわかる数学』（小宮山博仁・著）より引用しました。

プロローグ

数と式とはいったい何

数の誕生といろいろな単位の話

日常生活で何気なく使っている数ですが、いつ頃に数は誕生したのでしょうか。

ユーラシア大陸で最も古い文明とされるメソポタミア文明（紀元前3500年前）の遺跡には、粘土板に記されたくさび形の文字の中に数字が登場しているので、その頃が数のルーツではないかといわれています。

1から100までの数字を言える子どもが、100個の具体的なモノを数えられるわけではないという話を聞いたことがあります。それは数は量を表していることが理解できていないからです。

数には単位があります。小学校では万、億、兆という数の単位があることを習います。しかし、大きな数を表す単位はこれだけではありません。

江戸時代の数学書にはさらに京《けい》、垓《がい》、秭《じょ》、穣《じょう》、溝《こう》、澗《かん》、正《せい》、載《さい》、極《ごく》、恒河沙《ごうがしゃ》、阿僧祇《あそうぎ》、那由他《なゆた》、不可思議《ふかしぎ》、無量大数《むりょうたいすう》という数の単位があげられています。ちなみに1無量大数は69ケタ（1の後に0が68個も並ぶ）というとんでもなく大きい数なのです。

このような数をわかりやすく扱う方法として便利なのが、指数による表示です。10^2=100、10^3=1000などというように、10^nは1の後に0がn個つく数となります。

これを使うことによって大きい数の表記を簡潔にすることができます。たとえば1無量大数は10^{68}と表すことができます。

また、1より小さな数を表す単位として、分《ぶ》、厘《りん》、毛《もう》、糸《し》など24の単位があります。

数には1、2、3…といった正の整数や−1、−2、−3…といった負の整数、1/2、1/3のような分数などがあります。

数の単位

1,000,000,000,000,000

⇧兆　⇧億　⇧万

数の単位は兆の後京《けい》、垓《がい》、秭《じょ》…と続きます

1無量大数

100,000,000,000,000,000,000,000,000,000,000,000,000,000,000,000,000,000,000,000,000,000,000

0が68個並びます

0.0000000000000000……

⇧分　⇧厘　⇧毛　⇧糸　……

小数点以下にも単位が

※基準単位として「割」を使う場合は「二割三分四厘」のようになることから、「分が 1/100、厘が 1/1000 」と勘違いをされることがあります。

数学ひとくちメモ

整数には、１、２、３といった正の数である正の整数と、－１、－２といった負の整数があります。正の整数のことを自然数と呼んでいます。０は自然数に含める立場と含めない立場があります。

数や数式で使う記号には意味があります

1＋1＝2という計算を何の疑問ももたず、小学生はしています。

1、2、3…という数学が誕生しても「＋」や「＝」のような記号がなければ、「1＋1＝2」は「1に1を加えると2となります」とことばで表現します。

これでは複雑になってしまいます。

数字がこの世に誕生しなかったら、当然のことですが数式も存在しないことになります。**数字の活用は人類の進化と密接な関係があるといっても過言ではないと思います。**

小学校ではまず、四則計算（＋－×÷）を教わります。

当たり前のように使っているこれらの記号にもひとつひとつ意味があるのです。

第2章では小学校、中学校、そして高等学校の数学で学ぶ代表的な記号を紹介しました。

「√」や「π」のような記号でしたら日常生活でも目にする機会があるかと思いますが、「||」や「!」などの記号はあまりお目にかからないと思います。

「!」などは「ビックリマーク」と思った人がいても不思議ではないでしょう。

「||」は絶対値を表す記号であり、「!」は階乗を表した記号なのです（第2章参照）。

数式にはいろいろな不思議なことが秘められています。

第4章でも紹介しましたが、自分の資産が2倍になるまでの期間と利率の関係もひとつの数式で表せます。数式には必ず記号がなければ成立しません。つまり、数式と記号は切り離せない関係なのです。

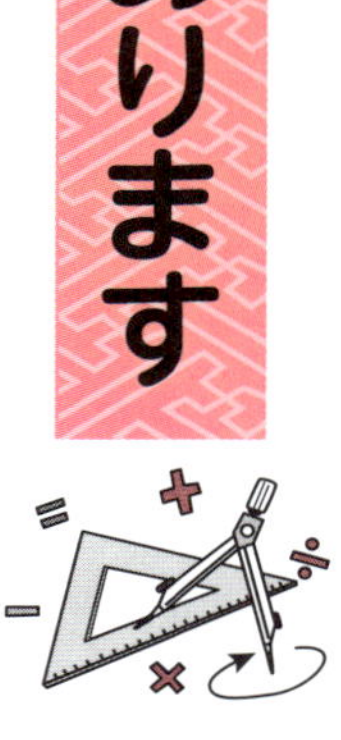

数学で使う主な記号

＋　－　×　÷　＝　＞　＜　｜｜　π

√　△　≡　⊥　∥　∠　θ　∞

sin　cos　tan　log　Σ　lim

∞　!　nPr　nCr

⊂　∩　∪　Ø　∋

ひとつひとつの記号にはそれぞれ意味があります

数

自然数　整数　偶数　奇数　小数　分数

素数　有理数　無理数　実数　虚数

複素数…など

数学に関する主な賞

- フィールズ賞（国際数学連合）
- ネヴァンリンナ賞（国際数学連合）
- ガウス賞（国際数学連合）
- アーベル賞（アーベル記念基金）
- 春季賞（日本数学会）
- ヴェブレン賞（アメリカ数学会）…など

数学ひとくちメモ

数式で使用する記号はたくさんあります。記号を使うのは数学の世界だけではありません。物理学で使う抵抗値「Ω」など、色々な単位が世の中には存在しています。

知っているようでも間違いやすい式

まず次の式を計算してみてください。

8÷2×(1＋3)

いくつになりましたか？「1」と答えた方は間違いです。答えは16なのです。( )の中を先に計算することは理解していても、つい( )に付随している数との計算を先にしてしまう傾向にあります。この場合ですと、2×(1＋3)の部分を計算してしまいます。2×(1＋3)＝8ですから、8÷8＝1となり「1」と回答してしまうのです。

四則計算では左から計算し、( )があればその部分を先に計算するのがルールです。( )がなければ、×(乗)や÷(除)を先に計算し、＋(和)や－(差)はその後に計算していくのがきまりです。

もうひとつ例を出してみましょう。

200÷4aという式があります。a＝5とするといくつになるでしょうか。

250と答えた人は間違いです。答えは10です。「4a」の部分を先にまとめて計算しないと間違えてしまいます。「4a」とは「4×a」という意味です。「200÷4a」という式が「200÷4×a」なら、50×aでaを5とするので、50×5で250が正解です。しかし「4a」は先に計算しなければなりません。ですから「4×5＝20」なので、200÷20で、10というのが正解となるのです。

ネットで見かけた面白い話をひとつ紹介します、**「30－2×3」はいくつでしょう。「4!」と勢いよく答えた人がいました。正解です！** 24でも正解です。「84」と答えた人は左から計算したので間違いです（!については48ページで解説）。

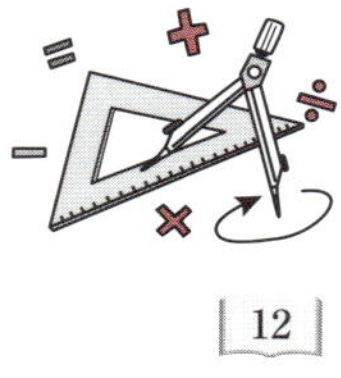

$8\div2\times(1+3)$

$8\div2\times(1+3)$

ここを最初に計算します

$8\div2\times4=4\times4=16$

⇒ 左から順に計算します

$200\div4a$（a=5とする）

$200\div4a$（a=5とする）

4×aの意味=先に計算します

$200\div4\times5$

先に計算するので

⇒ $200\div20=10$

四則計算の問題

$$2\times[2+\{3+(4-2)\}+2]+1$$

( ) { } [ ] の順に計算し、後は通常の四則計算のルールで計算します

$$2\times[2+\{3+(4-2)\}+2]+1=2\times\{2+(3+2)+2\}+1$$
$$=2\times(2+5+2)+1$$
$$=2\times9+1=19$$

数学ひとくちメモ

四則計算で（ ）があれば一番最初に計算します。かっこには［ ］（大かっこ）、｛ ｝（中かっこ）、（ ）小かっこと３種類あります。式に複数のかっこがある場合は内側のかっこから計算していきます。

数と式ちょっといい話

ゼロの発見は世界を大きく変化させた！

Ⅰ、Ⅱ、Ⅲといったローマ数字や1、2、3といった算用数字で数（量や順序など）を表すことができます。土地の面積、米や麦の生産額、水の量、家族の数や村の人口、捕獲した動物の数など。農村共同体で人間が生活していく上で必要なものが数でした。商業が発達すると商業簿記は重要な役割をし、産業革命により科学技術が急速に発展してきました。このような時代に数の役割はますます重要となってきたのです。

インドの記数法が広まる前は、ヨーロッパではローマ数字で数を表記していました。ひとつ→Ⅰ、ふたつ→Ⅱ、みっつ→Ⅲ、よっつ→Ⅳ、いつつ→Ⅴ、以下Ⅵ、Ⅶ、Ⅷ、Ⅸとなり、じゅう→Ⅹ、ごじゅう→L、ひゃく→C、ごひゃく→D、せん→Mとなります。例えば算用数字７６５なら、ＤＣＣＬＸＶです。算用数字とローマ数字を比べると、算用数字の方が便利なことがわかります。

算用数字が便利なのは、実はゼロの発見により私たちが見慣れている10進法という記数法が発明されたからです。私たちは子どもの頃から算用数字を活用して、たし算・ひき算・かけ算・わり算といった計算をしていました。練習さ

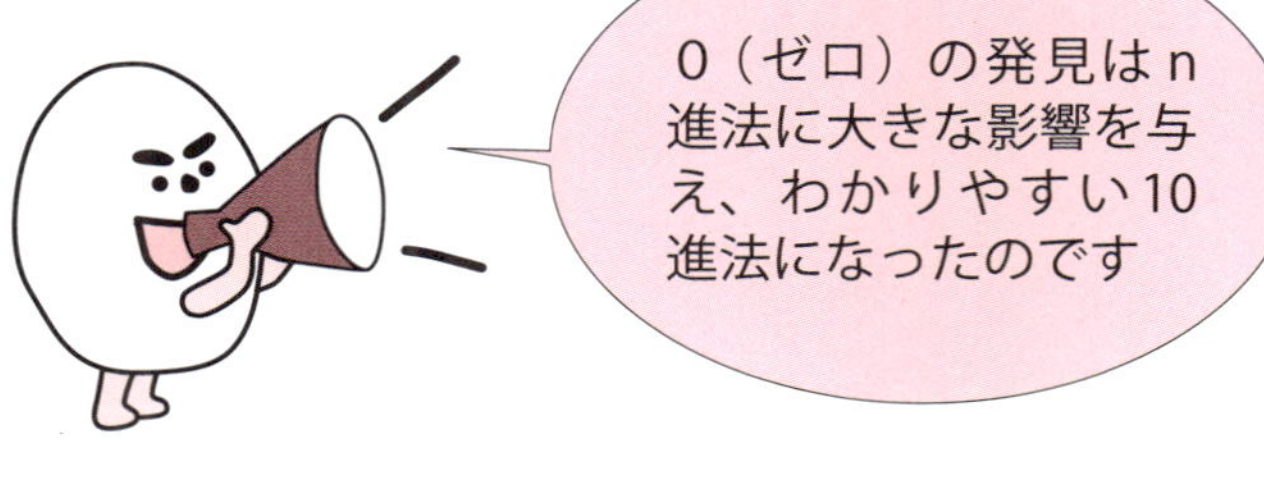
0（ゼロ）の発見はn進法に大きな影響を与え、わかりやすい10進法になったのです

えすればそれほど苦労せずにできるようになります。ところがローマ数字だったらどうでしょうか？たし算やひき算は何とかできそうですが、かけ算やわり算などは、素人の私たちには想像するのも難しいですね。

　ではなぜゼロ（0）を発見しただけで、いろいろな計算ができるようになったのか、不思議ですね。もし0がなかったらどうなるかを考えてみましょう。1が十個集まり10、10が十個集まり100と表記できます。もし0という数字を知らないと、ローマ数字では何ケタなのかよくわかりません。五百三をゼロを使わないローマ数字ではDⅢ、算用数字では503となります。算用数字は位を見るだけでどのぐらいの数かがわかるのです。「十がない場所」に「0」という数字が入っているからです。同様に二千十はローマ数字ではMMX、算用数字は2010となります。

ローマ数字　ⅠⅡⅢⅣⅤⅥ……

算用数字　123456……

X＝10　L＝50　C＝100　D＝500　M＝1000

↓

765はDCCLXV

0が発見されないと503と表現することができません。五百三やDⅢではすぐにどんな数なのかイメージできません！

Column
＜1＞

複利計算ってどのように計算するの

銀行などにお金を預けると利子がつくのが一般的です。利子を辞書で引くと「債務者が貨幣使用料として債権者に一定の割合で支払う金銭」（『広辞苑』）と出ています。金利ともいいます。国の金融政策で「公定歩合の金利を上げる」といったニュースを聞いたことがある方もいるのではないでしょうか。

中世以降商業が発達してくると、債務者（お金を借りる人）と債権者（金貸し）という立場の人々が出てきます。シェークスピアの喜劇「ベニスの商人」を読むと、中世のイタリアが商業の中心だったことがわかります。その頃必要にせまられて生活に密着した数学が、庶民にまで拡がっていったことが推測できます。

数学の本なのに、歴史や経済の話を持ち出したのは「なぜ？」と思った方もいたのではないでしょうか。数学というと世の中の流れから距離を置いた、何か難しい「閉じられた世界」というイメージが強い学問です。実際古代ギリシアの頃の数学はピタゴラスのように哲学と結びついていたぐらいですから。でも身近な数学もあるのです。

利子には、元金だけに対する「単利法」と、1年ごとに利子を元金にくり入れ、その合計額を次年の元金として利子を計算する「複利法」があります。

金額a円を年利率rで預金したとき、複利法によれば、1年後→$a(1+r)$、2年後→$a(1+r)^2$、3年後→$a(1+r)^3$…という等比数列になります。もし複利法により100万円を年利率2%で7年間預金すると、7年後の金額は次の式で求められます。

$1000000\times(1+0.02)^7=1000000\times1.02^7=1149000$で114万9000円となります（$1.02^7 \fallingdotseq 1.149$としています）。

第1章

数式っていったい何

数学で使う式とは何か

数式とは『大辞林』で調べてみると「数・量を表す数字・文字などを記号で結びつけ、数学的な意味をもつようにしたもの。式」と書いてあります。

算数や数学で使う式はたくさんあります。小学校で習う、6＋3×4＝18といった計算で答えを求める計算式は低学年から学びます。一定の図形の面積を求める式である公式も結構出てきます。「三角形の面積＝底辺×高さ÷2」「長方形の面積＝タテ×ヨコ」「円の面積＝半径×半径×3・14(π)」などがそれにあたります。

高校数学で習う、2次方程式の解を求める公式も式のひとつです。

パソコンを使っている方ならわかると思いますが、エクセルというソフトがあります。表計算などで活用されているソフトです。その表計算にも、決められた数式が存在しているのです。

パソコンは複雑な数式を、あっというまに計算してしまいます。

第3章ではそんな数学の世界で使う式を紹介してみました。

一説によると、数式は数学や物理のみならず、恋愛や結婚なども数式で表現できるといわれています。

数式がこの世に存在していないと、今の生活は成り立っていません。

74ページから解説している「三角関数」や82ページから解説している「微分積分」などは生活に密着しているのです。四則計算だけが数式ではないのです。

身のまわりのものの多くが数式と大きな関係があるのです。どんな数式が使われているかを想像するのも面白いかもしれません。

小学校で習う面積を求める式

三角形	長方形	円

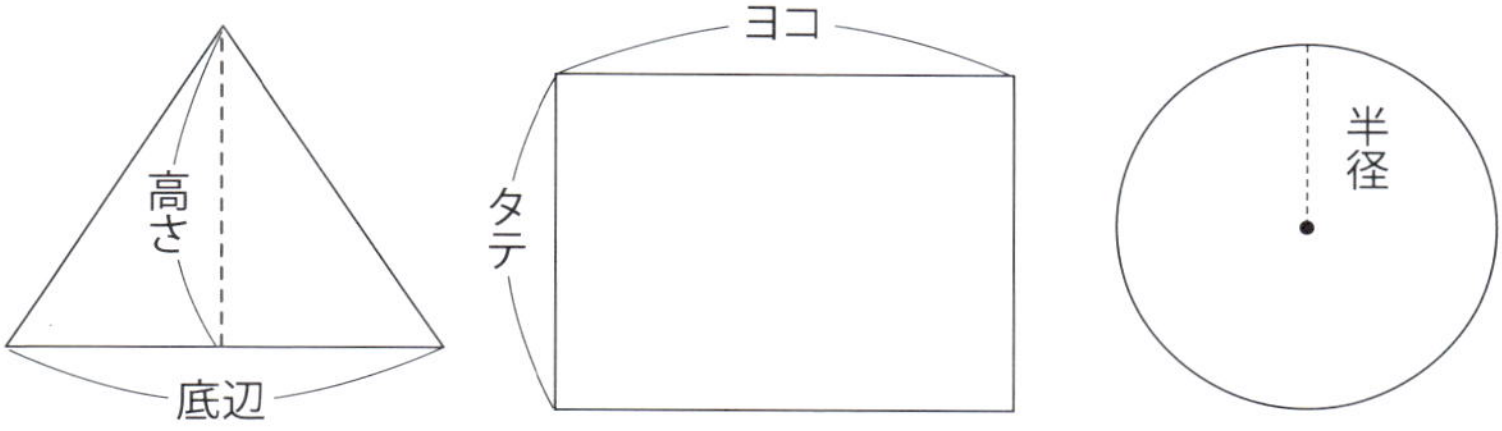

底辺×高さ÷2	タテ×ヨコ	半径×半径×3.14

それぞれの面積を求めることができる

中学校・高校の数学で習う
2次方程式の解を求める公式

$$x=\frac{-b\pm\sqrt{b^2-4ac}}{2a}$$

私たちは小学校のころから色々な式と
出合っています。数式は日常生活に
おいて非常に大きな関係があるのです。

数学ひとくちメモ

小学校の算数から私たちは数式を習得しています。数式とひとくちにいってもいろいろです。簡単な四則計算から大学数学や物理、統計学や経済学などの専門分野まで複雑な数式を利用しています。

数学で使う記号とは何か

四則計算では「＋－×÷＝」という記号を使っています。その中で、「＝」は等号と呼ばれるものです。小学校では等号以外にも「＜」や「＞」といった不等号も習います

数学の世界では、この「＋－×÷＝」を使うことはもちろんですが、それ以外でも多くの記号を使っています。有名な記号といったら「π（パイ）」でしょう。円周率のことですね。

中学校になると「√（ルート）」といった平方根も習います。図形の性質などを習うと、「∠」（角）や「⊥」（垂直）、θ（角度）、「≡」（合同）、「∥」（平行）といった図形と密接な関係のある記号も出てきます。

高校数学になるとさらに複雑な記号が登場します。

サイン、コサイン、タンジェントという言葉を聞いたことがありませんか。三角関数です。「sin」「cos」「tan」という記号を使います。対数を表す「log（ログ）」や極限値を表す「lim（リミット）」、数列で使う「Σ（シグマ）」などもそうです。

数学の花形ともいわれている「微分積分」の積分では「∫（インテグラル）」という記号も出てきます。

社会人になると数学についてふりかえる機会はなかなかないと思います。しかし知っていて損はありません。これらの記号については第2章で、ひとつひとつわかりやすく解説しておきました。今まで理解できなかった数学記号もきっと理解できると思います。

数学は基礎さえ理解できていれば難しい学問ではありません。高校数学も中学で習った数学が基礎となっているからです。

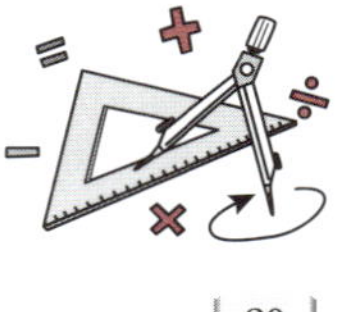

小学校で習う主な記号

＋（和）　−（差）　×（乗）　÷（除）　＝（等号）　＞＜（不等号）

中学校で習う主な記号

√（平方根・ルート）　∠（角）　⊥（垂直）
π（円周率）θ（角度）　≡（合同）　//（平行）

高等学校で習う主な記号

sin（サイン）cos（コサイン）tan（タンジェント）
log（対数）　lim（極限値）　Σ（シグマ）
∫（インテグラル）

数式を表すにはさまざまな記号を使う

200 個に及ぶ数学記号を考えた、17 世紀に活躍したドイツの数学者、ライプニッツ。すでに 2 進法についても言及していた資料も残っています

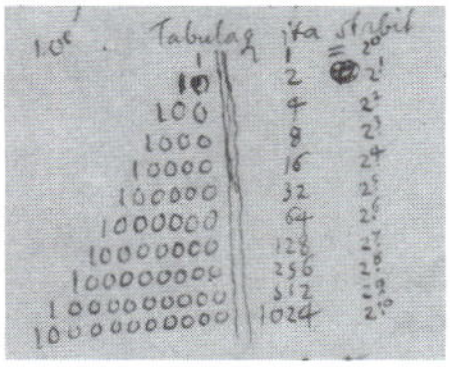

▲2進法の記述がわかる

数学ひとくちメモ

日本語で漢字やカタカナ、ひらがなを使うように、数学の世界でも「＋−×÷＝」のような記号が使われています。漢字を知らないと文章が読めないのと同じように、数学記号も重要な要素なのです。

経済や日常生活は数式と密接な関係がある

テレビや新聞のニュースで「2018年の日本のGDPは○兆円になる模様」とか「前年と比べて経済成長率は○%の伸び率にとどまった」「本日の日経平均株価は○円でした」というようなフレーズを聞いたことがあるかと思います。

これらの指標のひとつひとつにはしっかりとしたルール（式）があり、そのルールに基づいて算出されているのです。

特に**「日経平均株価」「TOPIX（トピックス）」「GDP」「経済成長率」などは、経済の世界では非常に大切な指標となっています。**その数値は景気の動向を占い、日常生活と密接な関係にあるのです。その数値の求め方は第4章で詳しく解説しておきました。

経済指標以外にも日常生活と密接な関係がある事柄についても、代表的なものを選び解説しました。

食生活と関係のある「エンゲル係数」の求め方、じめじめした夏の「不快指数」を調べる方法、さらには「湿度」の測り方などです。

そのほかにも、光の速さや音の速さ、地震の震度、地震のエネルギーを測るマグニチュードなど、知っているようでうまく説明できない事柄も第4章では解説しています。

数式は何も数学だけの世界ではないのです。私たちの日常生活に数式は知らず識《し》らずのうちに活用されているのです。毎日のように何気なく聞いている数値がどのようにして出されているのかを知ることも大切なことです。

時間や気温など、私たちは数字によって色々なものを感じています。数字を一度も見ない日などないのではないでしょうか。

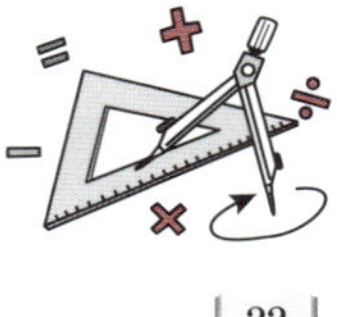

日本経済と数式

日経平均株価

TOPIX（トピックス）

GDP（国内総生産）

経済成長率

一定のルールを元にして計算され数字で示される

※これらについては第4章で詳しく解説してあります

日常生活と数式

不快指数

湿度

エンゲル係数

数字を使って比較&表現すると具体的に理解できる

※これらについては第4章で詳しく解説してあります

10のマイナス6乗の意味

10のマイナス6乗とは危険なことが起きる可能性を確率で表した数値です。0.000001という数字になります。100万年に1回起きる確率を示してます。100万人いれば1年で誰か一人が影響を受けることになります。

（算数・数学における日常生活・文部科学省資料より）

数学ひとくちメモ

私たちを取り巻く環境は、数式と切っても切れない関係にあります。数式は便利になった現代社会に大きく貢献しているのです。数式は数学だけの世界で使われているものではないのです。

中学校で習う数式のあれこれ

中学の数学になると、具体物（ノート、鉛筆、くだものなど）の数量を「数字」と「文字」を使って表すようになります。

1冊90円のノートy冊の値段は$90 \times y = 90y$と表します。抽象的な文字と式の計算が自由にできることを前提に、1次方程式や連立方程式を学びます。そのことを3章（58ページ参照）で詳しく解説しています。

数の概念がかなり広まります。算数では、自然数（正の整数）と0が中心でしたが、数学では−1、−2、−3…といった負の整数も学びます。

整数で表せない数を分数（$\frac{a}{b}$ a, b **は自然数**）**と呼んでいますが、分数と整数を合わせたのが「有理数」です。**0・333…は$\frac{1}{3}$に直せますから有理数です。

しかしπ(3.14…)や$\sqrt{3}$(1.732…)のように分数で表せない数があります。これを無理数といっています。

有理数と無理数を合わせて「実数」と呼んでいます。このように数を広げていくと、1次方程式や2次方程式を解くことが可能になってきます。

2次方程式の解の公式を導くには、因数分解や無理数を理解し、さらに文字式の計算力が必要です。「ピタゴラスの定理（三平方の定理）」をマスターするには、三角形の図形・無理数・2次方程式などの知識が必要となります。

日本の中学の数学の教科書は、3年間で順に学んでいくことによって、無理なく一定のレベルに達するようにカリキュラムが作られています。まさにロジカル（論理的）です（左のページのフローチャートを参照）。

中学で学ぶ主な数式

①正と負　2、5、8、−2、−5、−8

②文字式の計算　$5x-8+2x+2$,
$(16x+8)\div 4$, $2(x+3)-3(2x+1)$ など

③１次方程式　$x+8=4$，$9-x=3+4x$
$5x-19=-3x+6$ など

④比例と反比例
比例の式：$y=ax$（a は比例定数）
反比例の式：$y=\frac{a}{x}$（a は比例定数）

⑤式と計算　$4(2x+y)-3(2x-4y)$,
$ab+b\div ab^2$ など

⑥連立方程式
$$\begin{cases} 2x+y=10 \\ x-y=5 \end{cases}$$

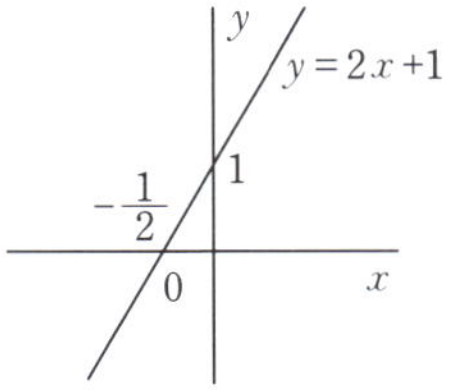

⑦１次関数
$y=ax+b$
ax… x に比例する部分、b…定数の部分

⑧平方根の計算
$\sqrt{2}\times\sqrt{5}$、$\sqrt{3}(\sqrt{6}+3)$、$\sqrt{24}-\sqrt{12}+\sqrt{5}$ など

⑨式の展開と因数分解
$(x+a)(x+b)=x^2+(a+b)x+ab$ など
$x^2+x-6=(x+3)(x-2)$

⑩２次方程式　$ax^2+bx+c=0$
解の公式　$x=\frac{-b\pm\sqrt{b^2-4ac}}{2a}$

⑪２次関数　$y=ax^2$

中学数学＜数と式＞のフローチャート

中１　①正と負→②文字式→③１次方程式→④比例・反比例

中２　⑤式と計算→⑥連立方程式→⑦１次関数

中３　⑧平方根→⑨式の展開（因数分解）→⑩２次方程式→⑪２次関数

中３（図形）　⑫三平方の定理

高等学校で習う数式のあれこれ

高校数学で習う数式の「ベスト3」と問われたら、微分・積分と、三角関数と数列を挙げたいと思います。高校の数列は、ほとんどが自然数で考えますから、規則正しく並んだ列を見て、不思議な美しさに魅了される人もいると思います。

また並んだ数を見てある規則を発見したときの喜びは、パズルが解けたときと似ているかもしれません。等差数列、等比数列、階差数列などを学びます。またそれらの数列の和を求める公式も学びます。そのときΣ（シグマ）という記号も出てきて、このあたりで「数学って難しいなあ～」と思い込む人も出てくるところです。

三角関数はピタゴラスの定理をもとに考えていきます。

出発点は直角三角形で考える三角比です。

次に三角比の考えを単位円を利用して拡張していきます。正弦、余弦、正接の三つの比の相互関係を明らかにします。

次に一般の三角形の応用として、正弦定理、余弦定理を学びます。ここまでが「比」の学習で、関数ではありません。弧度法という一般角の考えを取り入れ、初めて三角関数というものを考えます。関数はグラフで表すことができるので、図形の要素が入ってくる項目です。

$y=\cos\theta$や$y=\sin\theta$のきれいな曲線に見とれてしまう人も多いのではないでしょうか。

微分・積分は身近な問題が多いので、計算が複雑な割には、入りやすいところです。物体が落下したり斜面を転がる速さを自然界で観察しているからだと思います。**我々は微分の後に積分を学びますが、歴史的には積分が先なのです**（84ページ参照）。

数列・三角関数・微分・積分に関した主な数式

①等差数列の一般項と和　初項 a、公差 d の等差数列 $\{a_n\}$ の一般項は $a_n=a+(n-1)d$　　初項 a、公差 d、項数 n、末項 l の等差数列の和を S_n とする。

$$S_n=\frac{1}{2}n(a+1)=\frac{1}{2}n\{2a+(n-1)d\}$$

②等比数列の一般項　初項 a、公比 r の等比数列 $\{a_n\}$ の一般項は
$a_n=ar^{n-1}$

③階差数列　数列 $\{a_n\}$ の階差数列を $\{b_n\}$ とすると、$n \geqq 2$ のとき

$$a_n=a_1+\sum_{k=1}^{n-1}b_k$$

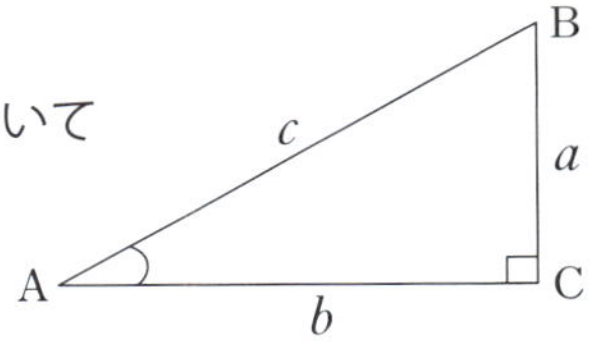

④三角比　右の図の直角三角形ABCにおいて

$$\sin A=\frac{a}{c}\quad \cos A=\frac{b}{c}\quad \tan A=\frac{a}{b}$$

⑤正弦定理
△ABCの外接円の半径をRとする。

$$\frac{a}{\sin A}=\frac{b}{\sin B}=\frac{c}{\sin C}=2R$$

⑥余弦定理
△ABCの1つの角と3辺の長さにおいて

$$a^2=b^2+c^2-2bc\ \cos A$$
$$b^2=c^2+a^2-2ca\ \cos B$$
$$c^2=a^2+b^2-2ab\ \cos C$$

⑦三角関数の相互関係

（1）$\sin^2\theta+\cos^2\theta=1$

（2）$\tan\theta=\dfrac{\sin\theta}{\cos\theta}$

（3）$1+\tan^2\theta=\dfrac{1}{\cos^2\theta}$

⑧導関数の定義

$$f'(x)=\lim_{h-0}\frac{f(x+h)-f(x)}{h}$$

⑨ x^n の導関数
n が正の整数　$(xn)'=nx^{n-1}$　例…$(x^3)'=3x^2$

⑩ x^n の不定積分　n が正の整数又は0

$$\int x^n dx=\frac{1}{n+1}x^{n+1}+c$$

<例>　$\int 3x^2dx=3\cdot\dfrac{1}{3}x^3+c=x^3+c$　（注）⑨と⑩の関係に注視

⑪定積分

$$\int_a^b f(x)dx\left[F(x)\right]_a^b=F(b)-F(a)$$

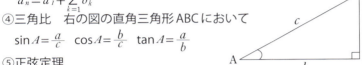

数と式ちょっといい話

算用数字と10進法で数学が身近な存在に

10進法は0、1、2、3、4、5、6、7、8、9の10個の記号を使って、あらゆる数(量や順序など)を表す方法です。□(タイル)→1とすると、□□→2、5→□□□□□、9→□□□□□□□□□、10→□□□□□□□□□□(1本)などとなります。数を10個のアラビア(算用)数字を使って表すと、かぎりなく大きな数を簡単に表示することができます。216という数を「ニ・イチ・ロク」とは読みません。2は3ケタ、1は2ケタ、6は1ケタ、すなわち2は百が2つ、1は十が1つ、6は一が6つということです。そのため216は「にひゃくじゅうろく」と読みます。

これを記号なしでタイルだけで表示すると、とてつもない量の紙と労力が必要となります。この量をローマ数字で次のように表すこともできますが、CCXⅥとなり、何となく不便だなと直感的に思ってしまいます。

10進法だと、数字の位置(位)を見ただけですぐ数の大きさがわかりますが、ローマ数字ではそういうわけにいきません(ちなみにC→百、X→十、V→五、I→一です。14〜15ページ参照)。

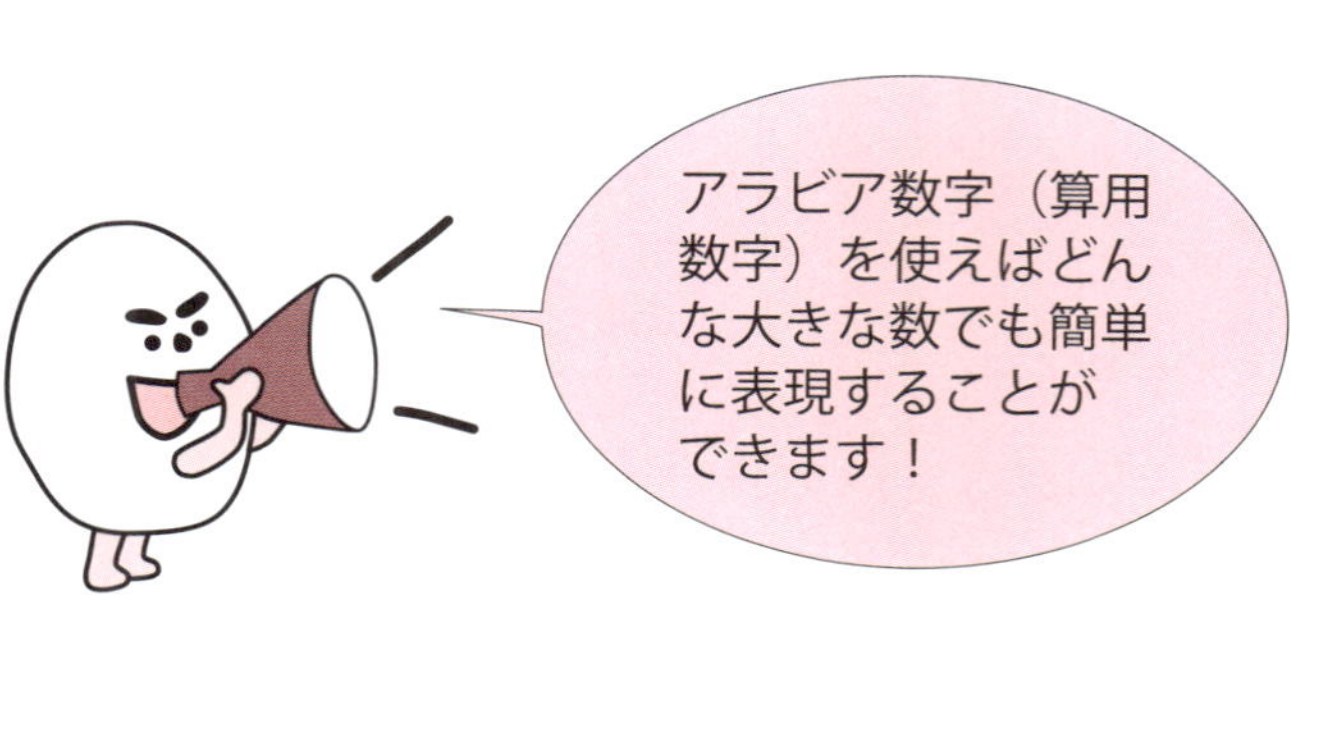
アラビア数字(算用数字)を使えばどんな大きな数でも簡単に表現することができます!

8世紀頃すでにインド記数法は、便利な10進法として使われていたという記録があります。

そのインド記数法はイスラムの世界に伝わり、13世紀頃にヨーロッパに入ってきて定着してきたといわれています。コラムで（16ページ）「ベニスの商人」のことを書きましたが、その当時の商業簿記はまだローマ数字が一部で愛用されていたようです。

ローマ数字は二百をCCと表示しますから、記号の位置を見てすぐにどのくらいの数（量）なのかがわかりません。しかし10進法はそれがわかるだけでなく、たし算やひき算、さらにかけ算やわり算もローマ数字に比べてずっと簡単にできました。

印刷技術（グーテンベルクの発明といわれています）の進歩と商業の発展により、インド記数法の10進法は17世紀以降、ヨーロッパを中心に急速に広まっていったのでした。

216をタイルで表現すると大変！

10進法は0、1、2、3、4、5、6、7、8、9、10個の記号を使って、あらゆる数（量や順序など）を表す方法です。タイルで量を表すと次のようになります。

□（タイル）→1とすると、□□→2、5→□□□□□、9→□□□□□□□□□、10→□□□□□□□□□□などとなります。

記号なしで表現するととんでもない労力が必要となる

当たり前のように私たちが使っている10進法。もし10進法がなかったと仮定すると、現代のような便利な世の中は存在しなかったでしょう。

生活に密着しているn進法の世界

記数法について、もう少し深く探求してみましょう。まず10進法の復習から始めることにします。

1が10個集まると「10」、10が10個集まると「100」、100が10個集まると「1000」となっていくのが10進法です。1を一の位《くらい》、10を十の位、100を百の位、1000を千の位と呼んでいます。10ずつのかたまりで、位が上がっていくのが10進法です。2345を10進法がよくわかる方法で示すと左ページの式①のようになります。

次に2進法を考えてみましょう。2進法は2つの記号だけで数を表示します。10進法と同様算用数字の0と1を使います。10進法と対比して書くと左ページの式②になります。右下の（ ）内の数字は2進法で表された数であることを示しています。

0と1の数字だけでどんな大きな数も表示できますが、10進法に比べケタ数が増えていきます。8まで進んだだけで、人の手を使った計算では、大きな数になるほど大変だということがわかります。11101を10進法で書くと左

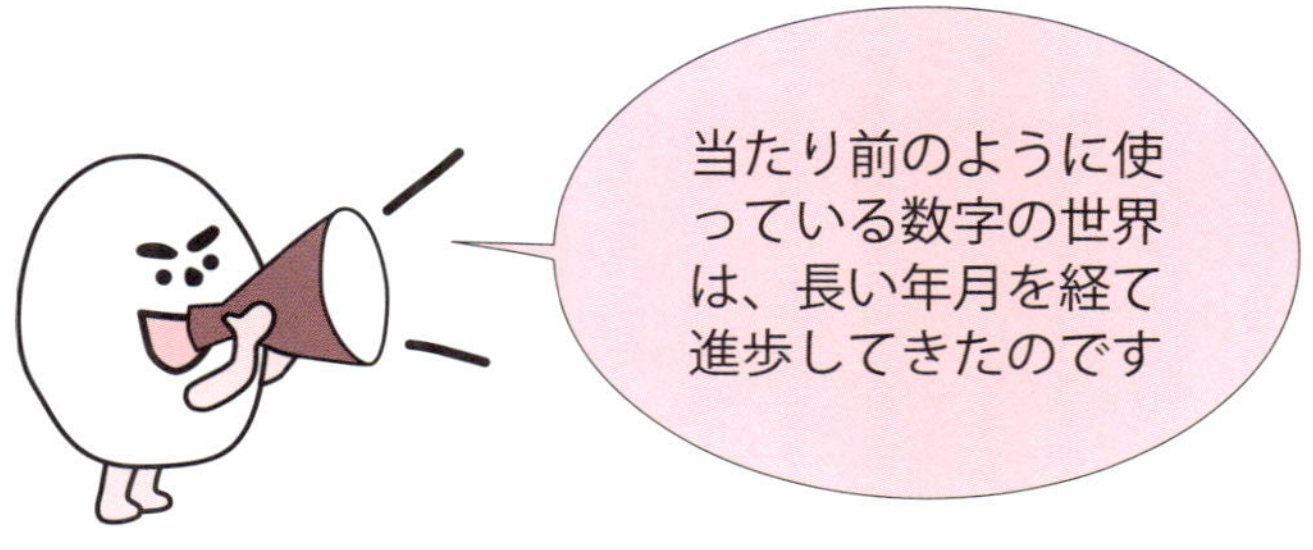
当たり前のように使っている数字の世界は、長い年月を経て進歩してきたのです

ページの式③になります。

次は5進法です。0、1、2、3、4の数字を使い2進法と同様に考えます（式④）。

一般に、n進法についても、10進法、2進法、5進法と同様に考えることができます。

中学や高校の数学でn進法を学ぶのは、2進法を理解するためです。現在はICTの時代で、将来AI（人工知能）が活躍するのは確実です。コンピュータには2つの記号しかありません。それを利用して計算します。

7+5という単純な計算を2進法では$111_{(2)}+101_{(2)}=1100_{(2)}$とします。2進法で計算した後、今度は10進法に直して12とします。コンピュータは10進法→2進法→10進法という手続きをふんでさらに複雑な計算をしているのです。

人間の頭で計算すると、この三段階方式は手間がかかります。しかしコンピュータは2進法の計算がとても速いのです。

【式①】 $2345=2\times10^3+3\times10^2+4\times10^1+5\times10^0\ (10^0=1)$

【式②】 $1\rightarrow1_{(2)}$、$2\rightarrow10_{(2)}$、$3\rightarrow11_{(2)}$、$4\rightarrow100_{(2)}$、
$5\rightarrow101_{(2)}$、$6\rightarrow110_{(2)}$、$7\rightarrow111_{(2)}$、$8\rightarrow1000_{(2)}$…。

【式③】 $11101=1\times2^4+1\times2^3+1\times2^2+0\times2^1+1\times2^0\ (2^0=1)$

これを10進法で表すと、

$1\times16+1\times8+1\times4+0+1=29$ により29となります。

【式④】 $1\rightarrow1_{(5)}$　$2\rightarrow2_{(5)}$　$3\rightarrow3_{(5)}$　$4\rightarrow4_{(5)}$
$5\rightarrow10_{(5)}$　$6\rightarrow11_{(5)}$　$7\rightarrow12_{(5)}$　$8\rightarrow13_{(5)}$
$9\rightarrow14_{(5)}$　$10\rightarrow20_{(5)}$　$11\rightarrow21_{(5)}$…。

日常生活で使っているものの多くは10進法です。
コンピュータの世界では2進法が使われ、時計の世界では12進法と60進法が使われています。

中学数学の問題にチャレンジ①

問題

おはじきを何人かの子どもに分けようと思います。

１人に６個ずつ分けると５個足りません。また１人に４個ずつ分けると19個余ります。

子どもの人数とおはじきの個数を求めなさい。

解法

子どもの人数を x とすると、おはじきの数は、２つの式で表すことができます。

ひとつは $6x-5$ です。

１人あたり６個ずつ分けると５個少なくなるので、おはじきの数は $6x$ よりも５個少ない、$6x-5$ という式になります。

また、１人あたり４個ずつ分けると19個余るので、おはじきの数は $4x$ よりも19個多い、$4x+19$ という式になります。この２つの式は同じ数を表していますから、

$$6x-5=4x+19$$

という方程式ができます。これを解くと、

$$6x-4x=19+5$$

$$2x=24 \qquad x=12$$

となり、子どもは12人であることがわかります。

おはじきの数は、

$12\times6-5=67$（または $12\times4+19=67$）で67個です。

答え　子ども12人　おはじき67個

中学数学の問題にチャレンジ②

問題

あや子さんはA地から峠をこえて20kmはなれたB地まで、ハイキングしました。A地から峠までは時速3km、峠からB地までは時速5kmで歩いたところ、全体で6時間かかりました。A地から峠までと峠からB地までの、それぞれの道のりを求めなさい。

解法

この文章を図で表すと次のようになります（Aから峠までの道のりを x、峠からB地までの道のりを y とします）。

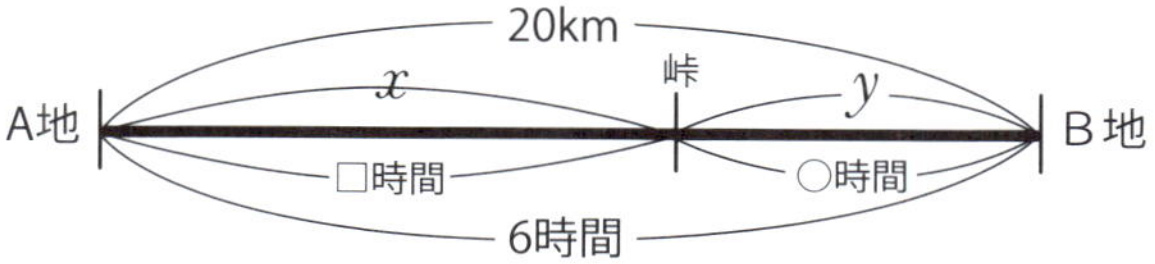

「速さ＝道のり÷時間」ですから、これから「道のり＝速さ×時間」「時間＝道のり÷速さ」の2つの公式が導かれます。全体の20kmと、全体の時間6時間がわかっていますから、道のりと時間で2つの式ができます。

道のり→ $x+y=20$　時間→ $\frac{x}{3}+\frac{y}{5}=6$

（Aから峠までは時速3kmなので、時間は $\frac{x}{3}$、峠からBまでは時速5kmなので、時間は $\frac{y}{5}$）

$$
\begin{aligned}
x+y&=20 \\
5x+3y&=90
\end{aligned}
\qquad
\begin{array}{rr}
 & 5x+5y=100 \\
-) & 5x+3y=90 \\
\hline
 & 2y=10 \\
 & y=5
\end{array}
\qquad
\begin{aligned}
20-5&=15 \\
x&=15
\end{aligned}
$$

答え　A地から峠まで15km、峠からB地まで5km

Column
＜2＞

ノーベル賞に数学賞がないわけは？

1901年、ノーベル賞がダイナマイトの発明者アルフレッド・ノーベルによって創設されたことはご存じかと思います。

大量破壊兵器ともなるダイナマイトを人類の平和のために利用することを願って、ノーベルが遺言をしたことから始められたノーベル賞は、世界でもっとも権威のある賞といってもよいでしょう。

ノーベル賞には6部門あります。

物理学賞、化学賞、生理学・医学賞、文学賞、平和賞、経済学賞です。日本人は2018年までに26名が受賞しています。

ところでノーベル賞には数学賞がありません。なぜ数学賞がないのかについては、いくつかの説が存在しています。

まず、ノーベルの考え方として、世の中に有益な貢献をした人を評価することを目的としたといいます。

また一説によると、ノーベルの恋人を奪った相手が数学者だったからともいわれています。

ノーベルと同じスウェーデン人の数学者レフラーがその相手で、もしも数学賞を設けていたならば、当然レフラーが数学賞を受賞してしまうことを恐れて、数学賞を設けなかったという説です。

第2章

数学で使う記号

四則計算で使う記号

小学校で最初に教わる記号が「＋」と「−」と「＝」です。それから「×」「÷」と教わっていきます。

日常生活で何気なく使っているこれらの記号ですが、**もしこの基本的な記号がなければ、数学の世界だけでなく日常生活にも大きな影響が出てくるのではないでしょうか。**２＋３＝５をひとつ例にとっても、「２に３を加えた数が５となります」といちいち書かなければなりません。足すことを「＋」、減らすことを「−」という記号になったルーツは、船乗りが樽《たる》の水を減らした際に「−」の印をつけ、補充した際には「＋」と書いたというのがはじまりという説があります。「×」は英国のウィリアム・オートレッドという数学者が自分の著書『数学の鍵』（1631年）の中でかけ算を「×」という記号で使用したのがはじまりといわれています。「÷」はヨハン・ハインリッヒ・ラーンという学者が著書で割り算の記号で使用したのが最初だといわれています。「＝」は平行線という意味があり、ロバート・レコードという数学者の著書の中で初めて使われました。

次の計算をしてみましょう

① 6×2+4÷2　　② 6×（2+4）÷2

解説

四則計算では×（乗）や÷（除）をまず優先して式の左から計算します。（　）がある場合は（　）の中を先に計算します。

① 12+2=14

② 6×6÷2=36÷2=18

＞＜ 不等号を表す記号

「＞」や「＜」といった不等号は小学校で学びます。「A＞B」はAのほうがBより大きいという意味を示し、「A＜B」でしたら、BのほうがAより大きいという意味です。

「≧」や「≦」も不等号と同じ仲間です。「A≧B」でしたら、BはA以下、つまりAとBが同じである場合も含まれるという意味です。「A≦B」でしたらAはB以下です。

これらを利用して、例えばxが100以上1000未満である場合は「$100 \leqq x < 1000$」と表現できます。また、「$a \leqq 100$」かつ「$a \geqq 100$」であれば$a = 100$であると結論づけることができます。

不等号を使った式に不等式があります。不等式の両辺に同じ数値を加えたり減らしたりしても不等号の向きは変わりませんが、両辺に同じ負の数を掛けたり割ったりした場合は不等号の向きが変わってしまいます。つまり**不等式は方程式の場合とは異なり、不等号の種類（向き）が意味を持つので、不等式を計算する過程で不等号が変化することがあることに注意しなければいけません。**

A＞B ⇨ AはBよりも大きい（Bは含まない）

A≧B ⇨ AはB以上（Bを含む）

$$100 < x < 1000$$

↓

xは100より大きく1000未満

$$100 \leqq x \leqq 1000$$

↓

xは100以上1000以下

11　絶対値を表す記号

数直線上である数に対応する点と原点との距離を、その数の絶対値といいます。

・・(−)・・0・・(+)・↓・この地点は（0）から＋4だけ移動している箇所です。＋4の絶対値は4であり｜＋4｜と書きます。反対に、

↓・・(−)・・0・・(+)・・この地点は原点（0）から－4だけ移動している箇所です。－4の絶対値｜－4｜も4です。絶対値の考え方はどれだけ原点から差があるかを示したものなのです。

＋4は正の数です、－4は負の数です。それぞれの＋－を取り除いたものが絶対値であると考えればわかりやすいと思います。つまり、｜＋4｜＝4であり、｜－4｜＝4ということになります。

ちなみに0の絶対値は0です。

絶対値の性質としては次の4つがあげられます。

$|-a|=|a|$、$|a|^2=a^2$、$|ab|=|a||b|$、

$\left|\frac{a}{b}\right|=\frac{|a|}{|b|}$ ただし $b \neq 0$

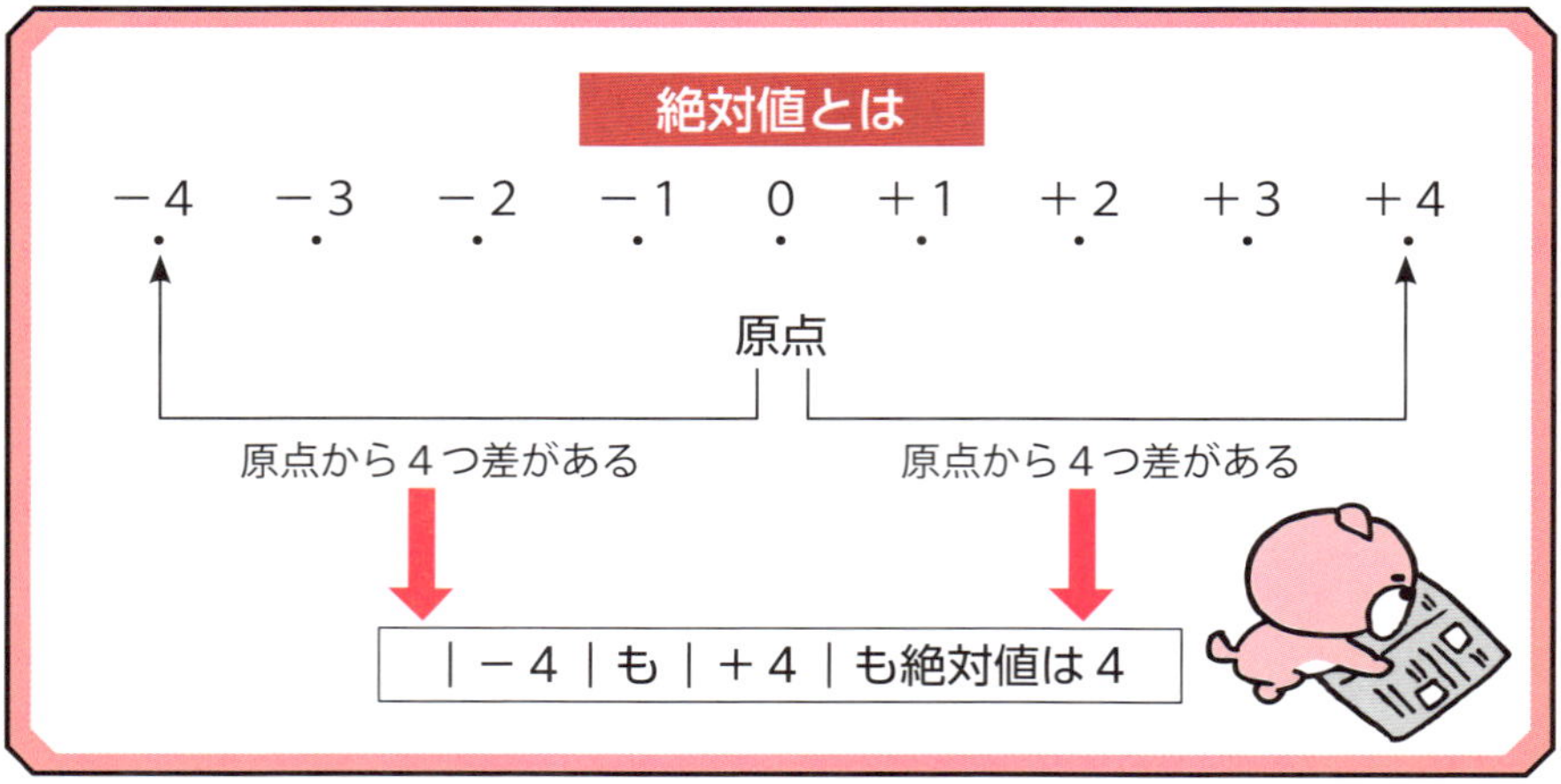

π　円周率を表す記号

円周率は、円の周りの長さの直径に対する比率として定義される比の値のことです。ギリシア文字である π で表されます。

数学の世界ではいうまでもありませんが、物理学や化学分野などでも使われており、π は重要な数学の記号のひとつともいわれています。**円周率は無理数であり、割り切れることはありません。**

円周率の計算において功績のあった17世紀、ドイツ・オランダの数学者であるルドルフ・ファン・コーレンにちなみ、円周率のことをルドルフ数と呼ぶこともあります。

ルドルフは、小数点以下35桁までを計算したことでも知られています。小数点以下35桁までの値は次の通りです。

π ＝3.14159 26535 89793 23846 26433 83279 50288…

「π」という記号を円周率を表す記号として初めて使った人がレオンハルド・オイラーです。

円周率を3.14159…という数字で書くかわりに π とすると、π は半径1の180°のおうぎ形（半円）の弧の長さになります。

円周率の歴史

4000年以前	エジプトでは	3.16
2200年以前	ギリシアでは	$3\frac{1}{7}$
1500年以前	インドでは	3.1416
1000年以前	中国では	$\frac{22}{7}$、$\frac{355}{113}$
200年以前	日本では	41桁
100年以前	イギリスでは	707桁

現在では、コンピュータを使っていくらでも計算することができる。

√ 平方根を表す記号

ある数 x を２乗すると a になるとき、x を a の平方根といいます。$x^2 = a$ となります。たとえば $2^2 = 4$、$(-2)^2 = 4$ なので２も－２も４の平方根です。どんな正の数 a に対しても平方根は正と負が存在し、そのうち正である方を $\sqrt{a}$、負の方を $-\sqrt{a}$ と書きます。記号 $\sqrt{}$ を根号といい、$\sqrt{a}$ は「ルート a」と読みます。**ちなみに０の平方根は０です。なお、a が正の整数であっても a の平方根は正の整数とは限りません。**

$\sqrt{10}$ は小数で表すと、3.162…と小数部分が循環しない、無限小数になります。

平方根が整数であるような数は、$2 \times 2 = 4$ の $\sqrt{4}$ や、$4 \times 4 = 16$ の $\sqrt{16}$ のような場合に限られます。

では「$\sqrt[n]{a}$」のように表される数値はどんな意味があるのでしょうか。「$\sqrt{a}$」は２乗すると a になるという意味ですが、「$\sqrt[n]{a}$」**は、n 乗すると a になる数という意味です**。「$\sqrt[3]{8}$」でしたら、$a \times a \times a = 8$ という意味ですから、$a = 2$ ということになります（$2 \times 2 \times 2 = 8$）。

平方根の語呂合わせ

$\sqrt{2} = 1.41421356\cdots$ 一夜一夜に人見頃（ひとよひとよにひとみごろ）

$\sqrt{3} = 1.7320508075\cdots$ 人並みに奢れや女子（ひとなみにおごれやおなご）

$\sqrt{5} = 2.2360679\cdots$ 富士山麓鸚鵡鳴く（ふじさんろくおーむなく）

$\sqrt{6} = 2.4494897\cdots$ ツヨシ串焼くな（つよしくしやくな）

$\sqrt{7} = 2.64575\cdots$ 菜に虫来ない（「な」にむしこない）

$\sqrt{10} = 3.162277\cdots$ 父さん一郎兄さん（「とう」さんいちろーにーさん）

△≡⊥⫽

図形の特徴を表す記号

ここからは少し、三角形など図形の性質を表す記号を紹介してみましょう。まず「△」ですが、これは三角形を意味し「さんかくけい」と読みます。図Ａのような三角形があった場合、△ＡＢＣといったように使います。「≡」**は三角形の合同を意味している記号です。**

ふたつの三角形の合同条件は、

（1）３組の辺がそれぞれ等しい

（2）２組の辺とその間の角度が等しい

（3）１組の辺とその両端の角度が等しい

この３つの条件のうちひとつをクリアしていたら、ふたつの三角形は合同となります（図Ａ）。

「⊥」は垂直であることを示しています。下記の図Ｂような場合、直線ＡＢと直線ＣＤは垂直関係にあります。これをＡＢ⊥ＣＤと書きます。

「⫽」は線または面などが平行であることを意味します。図Ｃのように直線ＡＢとＣＤは平行である場合、ＡＢ⫽ＣＤと書きます。

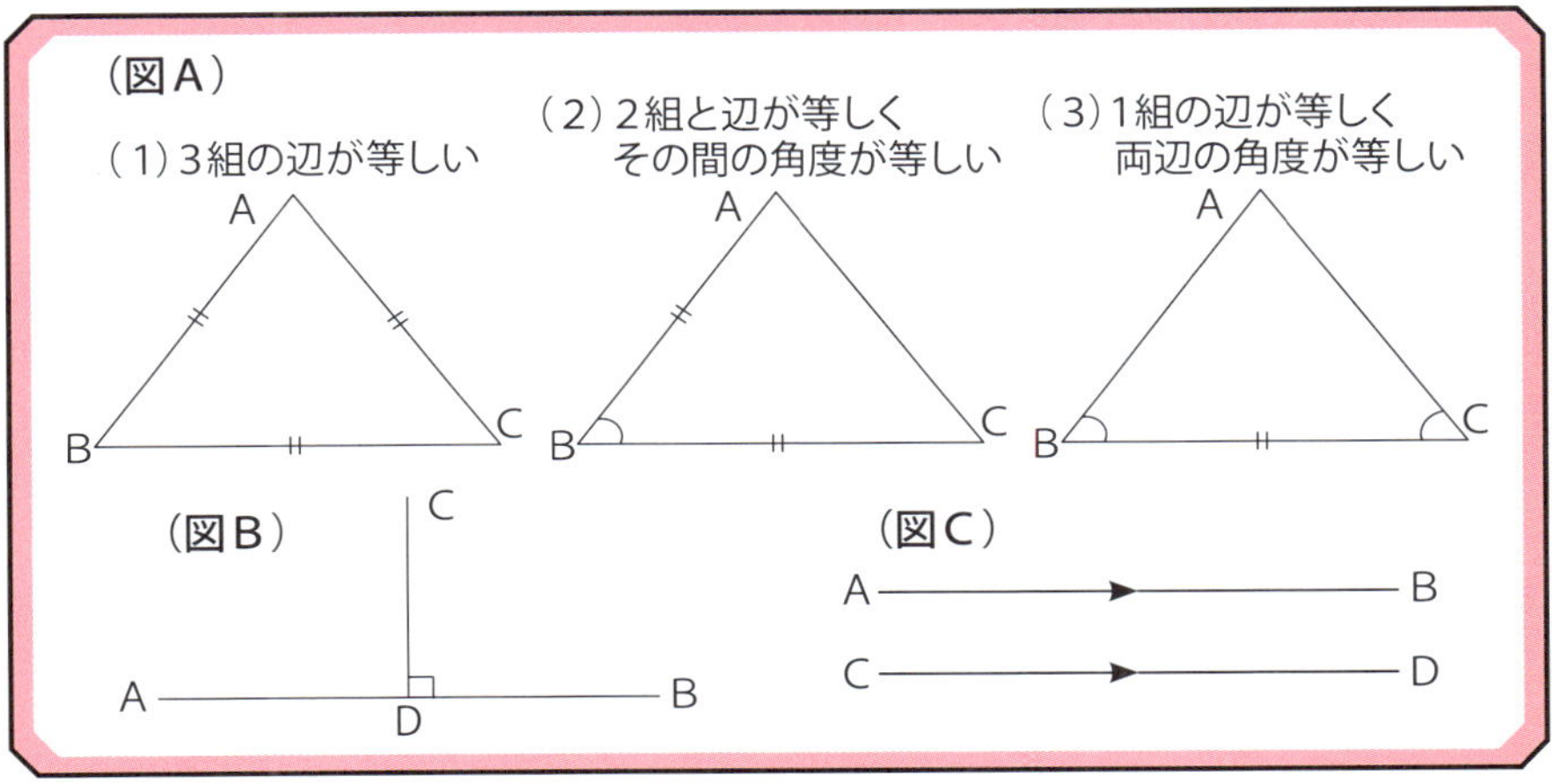

∠θ∽

図形の角度を表す記号

もう少し図形で使う記号を紹介しましょう。

「∠」とは図形の角を示す記号であり、∠ABCというように書きます。「θ」はその角度の大きさを表すときに使います（主に三角関数で）。

多角形の性質などを証明するためには角度をよく使います。代表的なものに、中学校の数学で習う相似《そうじ》というものがあります。

下の図のようにふたつの三角形、△ABCと△DEFがあったとしましょう。このふたつの三角形の相似の条件は、

（1）３組の辺の比がすべて等しい

（2）２組の辺の比とその間の角が等しい

（3）２組の角が等しい

この３つの条件のどれかひとつでもクリアしていたら、ふたつの三角形は相似であることがわかります。

そのときに使う記号が「∽」です。「∽」はふたつの図形が相似の関係であることを表し、△ABCと△DEFが相似の関係である場合は、「△ABC∽△DEF」と書きます。

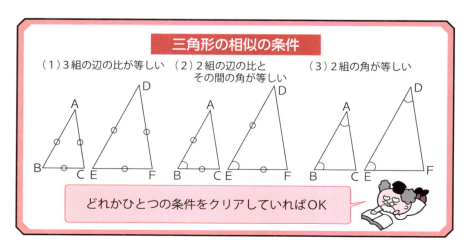

三角形の相似の条件

（1）３組の辺の比が等しい　（2）２組の辺の比とその間の角が等しい　（3）２組の角が等しい

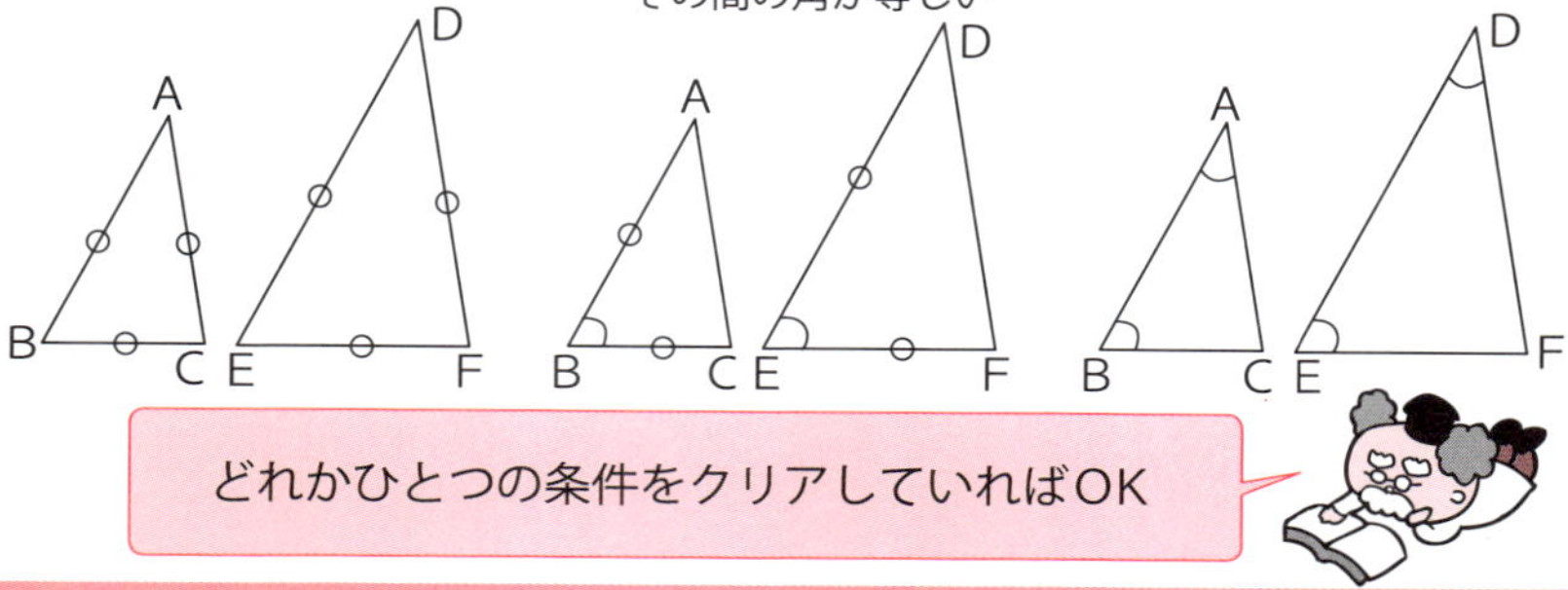

sin cos tan

三角比で使う記号

高校数学で習う三角関数ですが、三角関数と聞くだけで難しい数学の項目であると考えてしまう人が多いと思います。しかし三角関数は日常生活になくてはならない身近な存在です。

三角関数については第３章で詳しく説明していますので、ここでは簡単に三角比「sin cos tan」の意味を紹介しましょう。

sin ＝サイン、cos ＝コサイン、tan ＝タンジェントと読みます。

三角比の考え方を最初に思いついたのは、ギリシアの哲学者であるタレスだといわれています。直角三角形の１つの角を決めると三角形はどれも相似形になることに気づき、ピラミッドの高さを測定した話は有名です。三角形のABCの間には３つの大きな関係があります。この関係を利用して直接測量できないような場所の測量を可能にしているのです。三角比を利用して正弦定理や余弦定理が導き出されました（76ページ参照）。３辺の長さから面積を求めることも可能になりました（ヘロンの公式）。この三角比の考え方を発展させ三角関数が誕生しました。

三角比の定義

・正弦の定義　・余弦の定義　・正接の定義

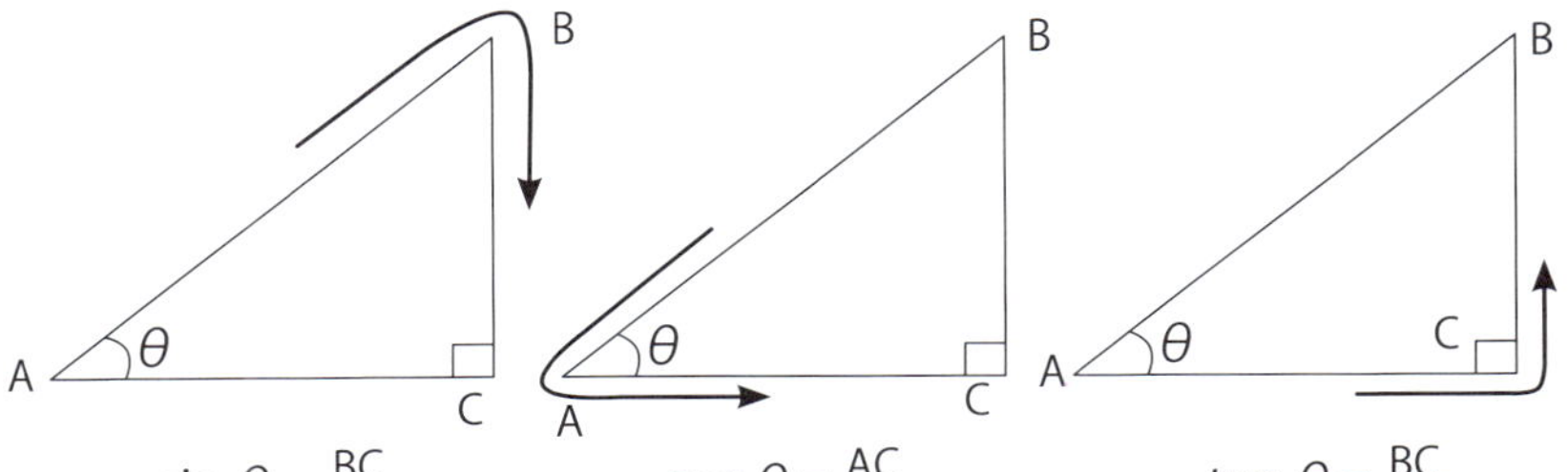

$\sin\theta = \frac{BC}{AB}$　$\cos\theta = \frac{AC}{AB}$　$\tan\theta = \frac{BC}{AC}$

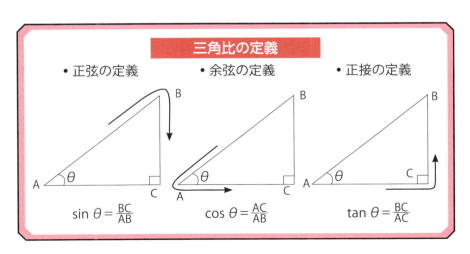

∫ 積分で使う記号

高校数学で習う項目のひとつに「微分・積分」があります。言葉くらいは知っていてもどんな意味なのか忘れてしまった人も多いのではないでしょうか。微分・積分は「微分」と「積分」とふたつそれぞれの意味があります。微分で曲線の接線の傾きを求めることができ、積分は様々な面積や体積を求めることができます。

高校数学では微分を先に習得してから積分を習いますが、数学史的に見ると、積分の考え方が先に生まれました。古代ギリシアの数学者アルキメデスの「取りつくし法」と呼ばれているものです。**複雑な形をした図形の面積を求めるときに、図形を細かく分け、その細かい部分の和で面積を求めました。**

微分は17世紀になってからで、ニュートンやライプニッツによって確立されました。曲線や直線で囲まれた面積を積分して求めることができます。それを表す記号として「∫」という記号が使われるのです。「∫」は「インテグラル」と読みます（微分積分については82ページからも解説しています）。

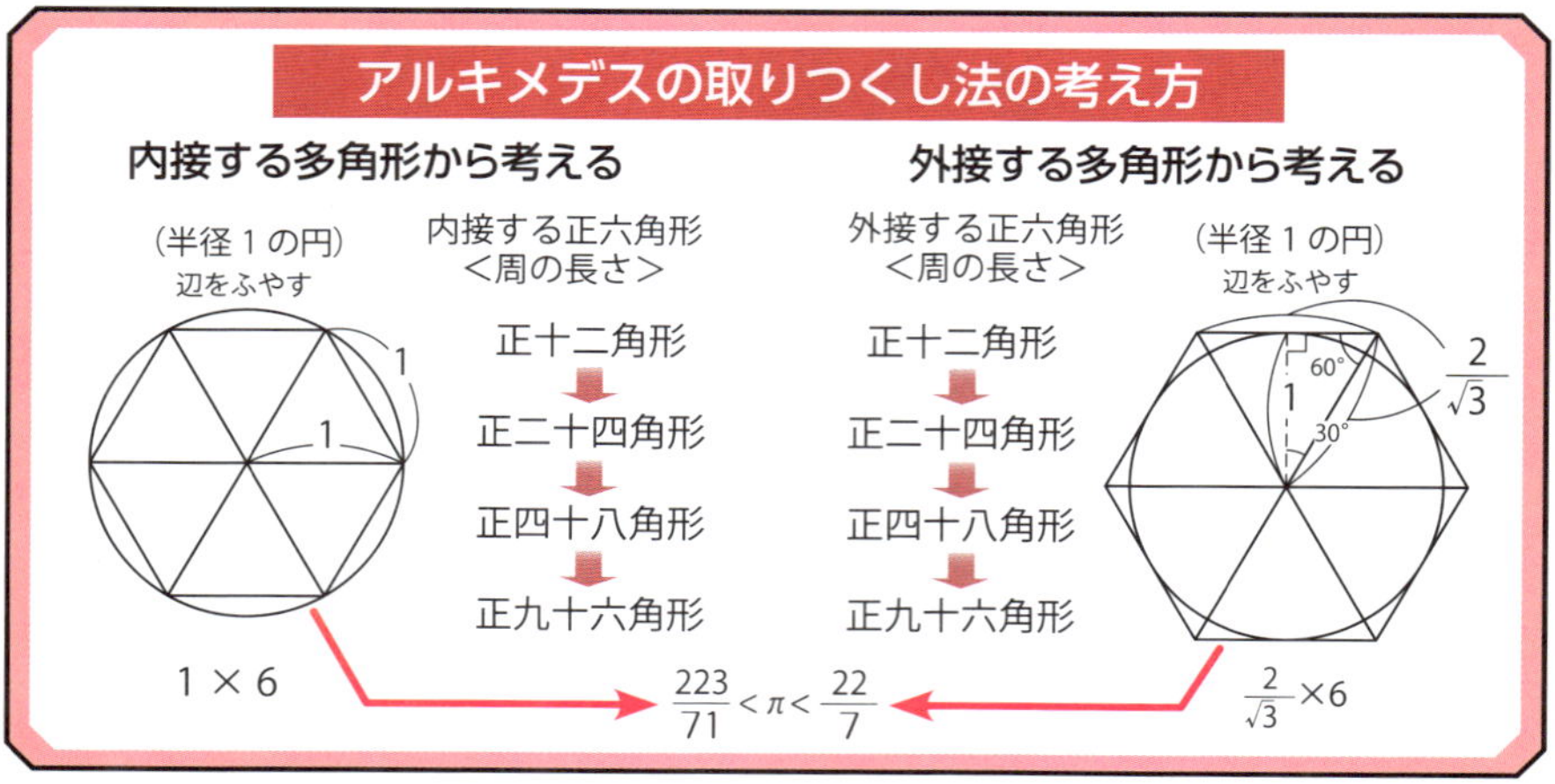

log　対数の意味を知っておこう

「log」とは対数を表す記号のことです。では、対数とはいったいどんな意味をもつのでしょうか。

2を4乗したらどうなるでしょうか。$2\times2\times2\times2=16$になります。これを式にすると「$2^4=16$」と書くことができます。

この小さく示された4のことを指数といいます。指数とは何回かけるかを示した数字なのです。「3^6」でしたら、3を6回かけるという意味です。

任意の正の実数aおよびMが与えられたとき、$M=a^b$という関係を満足する実数bの値を「aを底とするMの対数」といいます。

これを$\log_a M=b$と表します。先の例なら「$\log_2 16=4$」となり、「2を底にする16の対数は4」といいます。

3の6乗は729です。これは、「$\log_3 729$」と書くことができ、「3を底にする729の対数」という意味になり、対数は6ということになるのです。Mを$\log_a M$の真数といいます。対数bは真数Mを求めるために底aを累乗する指数となっています。

$\log_2 16$ ➡ 2を底にする16の対数＝4

⬇

$2\times2\times2\times2=16$ ⇨ 2を4乗すると16

対数と指数との関係

$$\log_a M=b \Leftrightarrow a^b=M$$

（$a>0$　$a\neq1$　$M>0$）

Σ　数列で使う記号

「Σ」とは高校数学で学ぶ数列で使う記号です。シグマと読みます。「シグマ」という名前は、フェニキア文字の「サメク」からきているという説もあります。

数列とはその文字のごとく、数の列のことです。「1、2、3、4、5…」と並んでいると、それぞれの差は1です。「2、4、6、8…」でしたら差は2です。このように隣り合う2つの数字の差が一定である数列を**「等差数列」**といいます。「2、4、8、16、32…」でしたら、右側の数がひとつ左側の数の2倍になっています。これを**「等比数列」**といいます（数列に関しては80ページで解説）。

さてここで、1～10までの数の和を計算してみましょう。「1＋2＋3＋4＋5＋6＋7＋8＋9＋10」という式から合計は55であることがわかります。これをΣという記号を使うと簡単に表現することができます。

$$\sum_{k=1}^{n} k = \frac{1}{2} n(n+1) \rightarrow \sum_{k=1}^{10} k = \frac{1}{2} \cdot 10 \cdot (10+1) = 55$$

Σ（シグマ）という記号の意味

Kに2を代入する

$$\sum_{k=1}^{5} k = 1 + 2 + 3 + 4 + 5 = 15$$

kに1を代入する

同様に代入する

Σ（シグマ）という記号は最初は難しいイメージがありますが、慣れると便利な記号なのです！

lim ∞　極限値や無限を表す記号

「lim」は極限を意味する記号で、リミット（limit）と読みます。「lim」は変数を動かしたときの極限の値を示す記号です。

自然数の逆数の列 1, 1/2, 1/3, 1/4, 1/5, ..., 1/n, ... を考えると、それぞれの項 1/n は n が大きくなるにつれてどこまでも 0 に近づいていくので、この数列は 0 に収束すると考えられます。このようなことをひとつの式にするときに「lim」を使い、$\lim_{n\to\infty}\frac{1}{n}$ という式で表すことができます。

この式の n → ∞ の「∞」とはどんな意味があるのでしょうか。「∞」は無限大と読み、変数がいくらでも大きくなっていくことを表しています。

「∞」という記号は、ローマ数字の1000であるↀ（CIↃ）をもとに作られたといわれています。イングランドの数学者であり、微分積分学に貢献した、ジョン・ウォリスが 1655 年の自著で無限大の記号「∞」を初めて使用しました。ギリシア文字の最後の文字である ω を基にしているといるともいわれています。

lim（リミット）という記号の意味

$$\lim_{n\to\infty}\frac{1}{n}=0$$

➡ 数列 $\frac{1}{1}$（1）、$\frac{1}{2}$、$\frac{1}{3}$ … $\frac{1}{n}$ と考えると 0に近づく（これを収束するという）

$$\lim_{n\to\infty}a_n=\infty$$

➡ 数列 1、2、3…n と考えると無限に大きくなる（これを発散するという）

！　階乗を示す記号

「！」は階乗を表す記号です。意味は非常に簡単です。3! でしたら、3×2×1＝6、3！＝6となります。5！でしたら5×4×3×2×1＝120ですから5！＝120となります。つまり、「n！＝1×2×3×4×……×n」と、1～nまでの自然数を掛けた数値ということになるのです。階乗は日常生活ではあまり見かけない記号ですが、数学ではよく使われます。

n個の中からr個を取り出す場合の順列は何通りあるのか（順列）、n個の中からr個を取り出してできる組み合わせが何通りあるのか（組み合わせ）などを求めるときに使います。実際にどう使うかは次のページで解説しておきました。

12＋4×3の値はいくつでしょうか？　という問題で普通は24と答えますが、理数系の人の中には「4！」と答える人もいます。階乗記号である「！」を「びっくりマーク」と思っている人は、理数系の人が自信をもって「4だ」といってると勘違いするという話を聞いたことがあります。

！（階乗）という記号の意味

5！　＝ 5×4×3×2×1＝120

5から1までの自然数を掛ける

n！　＝n×(n－1)×(n－2)……3×2×1

自然数nから1までの数を掛ける

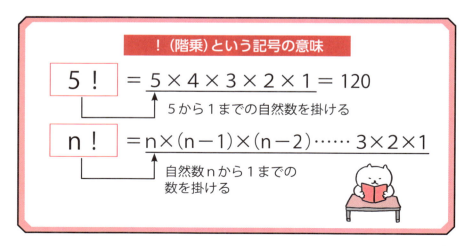

$_{n}P_{r}$ $_{n}C_{r}$ 確率を求めるときに使う記号

「$_{n}P_{r}$」はn個の中からr個のものを取り出す順列が何通りあるかを示している記号です（Pはパーミュテーションと読みます）。

A＝1、B＝2、C＝3と書いてある異なる3枚のカードから2枚を選び、1列に並べる並べ方の数を求める場合に使います。

一つ目の選び方はn通りです。二つ目の選び方はn－1、r個目の選び方はn－（r－1）となります。

$_{n}P_{r}=n(n-1)\times(n-2)\times\cdots(n-[r-1])$

n－（r－1）はn－r＋1と同じなので、

$_{n}P_{r}=n(n-1)\times(n-2)\times\cdots(n-r+1)$

上記の設問は$_{3}P_{2}=3\times2=6$で6通りになります。

「$_{n}C_{r}$」はn個の中からr個のものを取り出す組み合わせが何通りあるかを示している記号です（Cはコンビネーションと読みます）。

$_{n}C_{r}$にはr！個ずつ同じ組み合わせのものがありますので、$_{n}C_{r}$通りの各組み合わせからr！通りの順列がでます。すなわち、$_{n}C_{r}\times r!={}_{n}P_{r}$となります。

$$_{n}C_{r}=\frac{_{n}P_{r}}{r!}=\frac{n!}{r!(n-r)!}$$

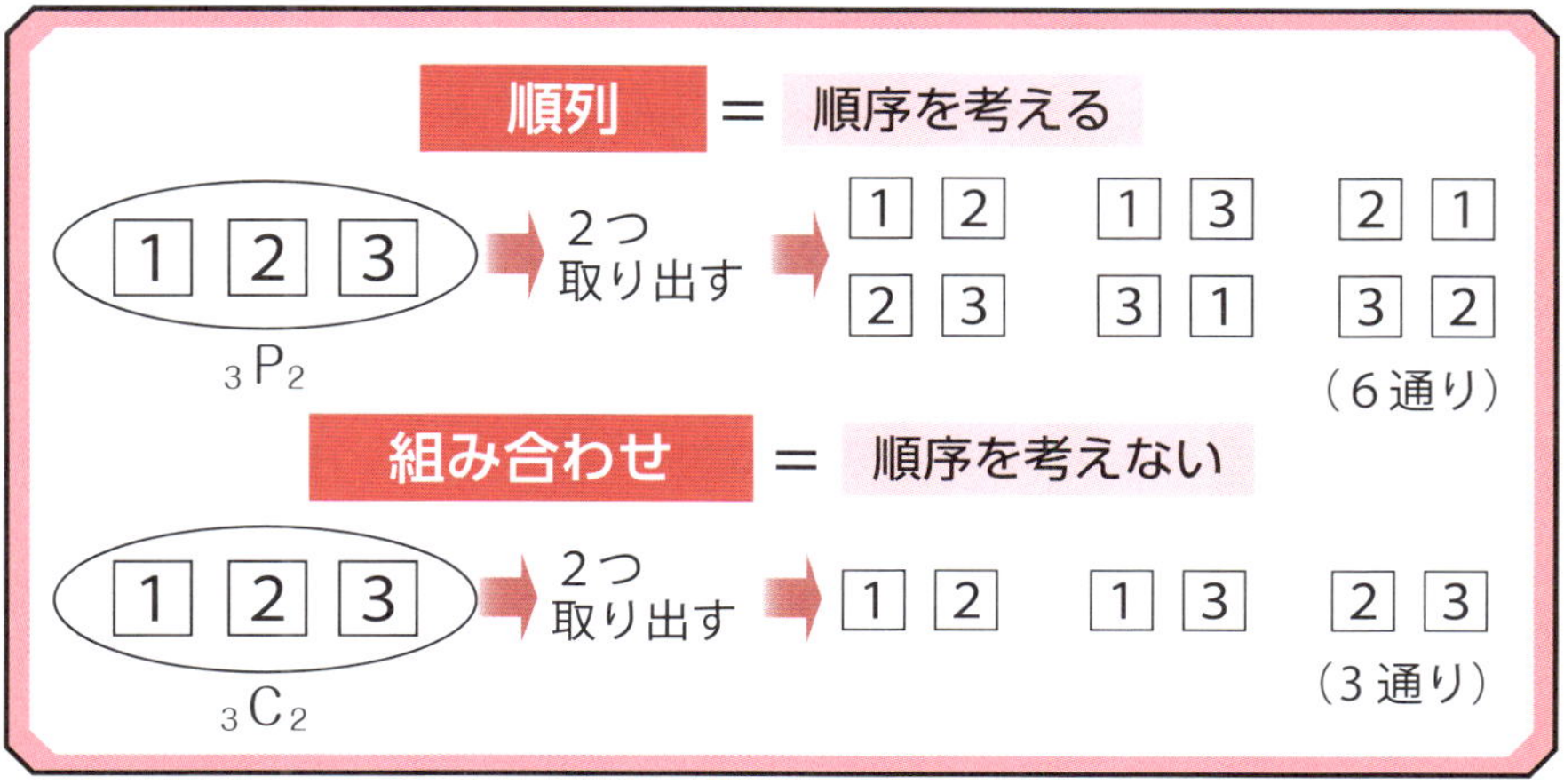

集合で使う記号

数学の集合とは、ある条件を満たすモノ全体の集まりのことです。集合を構成するそれぞれのモノを集合の元《げん》または要素といいます。

集合はモノの集まりですから、数、文字、記号などをはじめ、どんなものでも構いません。

集合には「全体集合」「部分集合」「共通部分」「和集合」「空集合」「補集合」というものがあります。

「部分集合」を表す記号が「⊂」「⊃」です。「共通部分」を表す記号は「∩」です。「和集合」は「共通部分」の記号を反対にした形で「∪」と書きます。

「空集合」は要素をなにも持たない集合のことで「Ø」と書きます。

「補集合」は全体集合Uの要素で部分集合Aに属さないもの全体の集合を、Aの補集合といい$\overline{A}$で表します。

aが集合Aの要素であるときaはAに属するといい、$a \in A$または$A \ni a$と表します。bが集合Aの要素でないことを$b \notin A$と表します。

集合の記号とその意味

U	全体集合	考えている対象全体。Uで表す
A⊂B	部分集合	集合Aは集合Bに含まれる
A∩B	共通部分	集合AとBの共通の部分
A∪B	和集合	集合AとBのどちらかに属する
Ø	空集合	ひとつも要素がない。ファイと読む
$\overline{A}$	補集合	集合Aに属さない

※a∈A：aは集合Aの要素である意味

数学では用途によって色々な記号が使われます

数学においては様々な記号が使われています。もし数学において記号がなかったら、数学の発展はもとより、今のように便利な日常生活が送れなかったかもしれません。

四則計算で普通に誰もが使っている「＋－×÷」の記号は小学校の算数で学びます。「＜＞」のような不等号も小学校で学びます。

中学になると図形の性質などを学ぶようになり、「∠」（角度）や「△」（三角形）、「⊥」（垂直）などの記号が出てきます。「≡」（合同）や「∽」（相似）の記号が出てくるのもこの頃です。円周率を表す「π」、平方根を表す「√」なども登場します。

ここまでは多くの人が目にしてきた記号ですが、高校数学になると一気に内容が高度なものになっていきます。

数列の登場で「Σ」や「lim」「∞」といった記号が登場したり、順列・組み合わせでは「P」「C」「！」の登場です。さらには数学の花形ともいわれる「微分・積分」です。大学数学になると数学記号はまだあるのです。興味がある方はぜひ調べてみてください。

記号の意味を知る
（＋－×÷＝など）

記号を使いこなす
（2＋3＝5　6÷3＝2 など）

数学の発展は日常生活を便利なものにした

学生時代に数学が嫌いな人の多くは、数学は将来役立たないと考えがちですが、実は数学は生活に欠かせない学問なのです！

数と式ちょっといい話

文字を使用することで数学が発展した

数学は記号のオンパレードです。小学校の算数は主に数字が、中学生になるとアルファベットを中心とした文字がよく出てきます。

りんごが「みっつ」あったとします。 このとき、りんごの量を「3」という数字で表します。また□や○を使えばいちいちりんごの絵を描かなくてすみます。りんごを□という記号で表すなら□□□となります。かきを○で表し「ふたつ」あるなら○○となります。

また□□□は3という数字で、○○は2という数字でりんごとかきの量を表しています。

「ノート3冊とえんぴつ2本を買うと650円です。また、ノート1冊とえんぴつ1本を買うと250円します。ノート1冊、えんぴつ1本はそれぞれ何円ですか」このような問題を消去算といい、算数で習った人もいると思います。

ノートを○、えんぴつを□で表すと次の式ができます。

○○○＋□□＝650…(ア)

○＋□＝250…(イ)

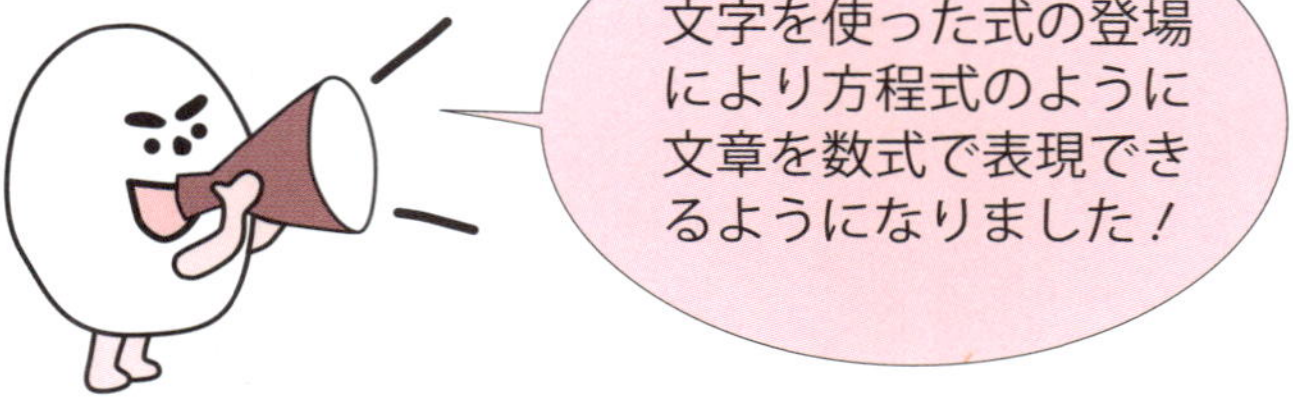

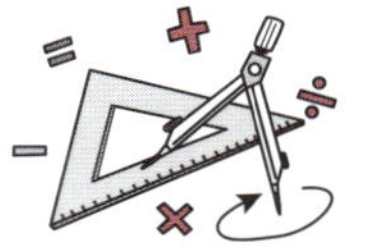

〔ア〕と〔イ〕を比べ〔イ〕の□を〔ア〕とそろえるため、〔イ〕の両辺を2倍にします。

○○○＋□□＝650…〔ア〕

○○＋□□＝500…〔ウ〕

〔ア〕と〔ウ〕の違いは、○＝650－500＝150となります。〔イ〕から150＋□＝250となり、□＝100。

答え　ノート150円、えんぴつ100円。

これをアルファベットのxとyを使うと下記のような連立方程式ができます（xはノート、yはえんぴつ）。

○と□の式よりもすっきりしますね。xやyという文字はあらゆる具体物（りんご、かきなど）の代表とすることができます。

これが関数になると、文字の活用がいかに便利かということがもっとよくわかります。

ちなみに中学で習う一次関数の一般式は$y=ax+b$となります（60ページ参照）。

xやyを使った式は便利な式

ノート3冊とえんぴつ2本を買うと650円です。また、ノート1冊とえんぴつ1本を買うと250円します。ノート1冊、えんぴつ1本はそれぞれ何円ですか？

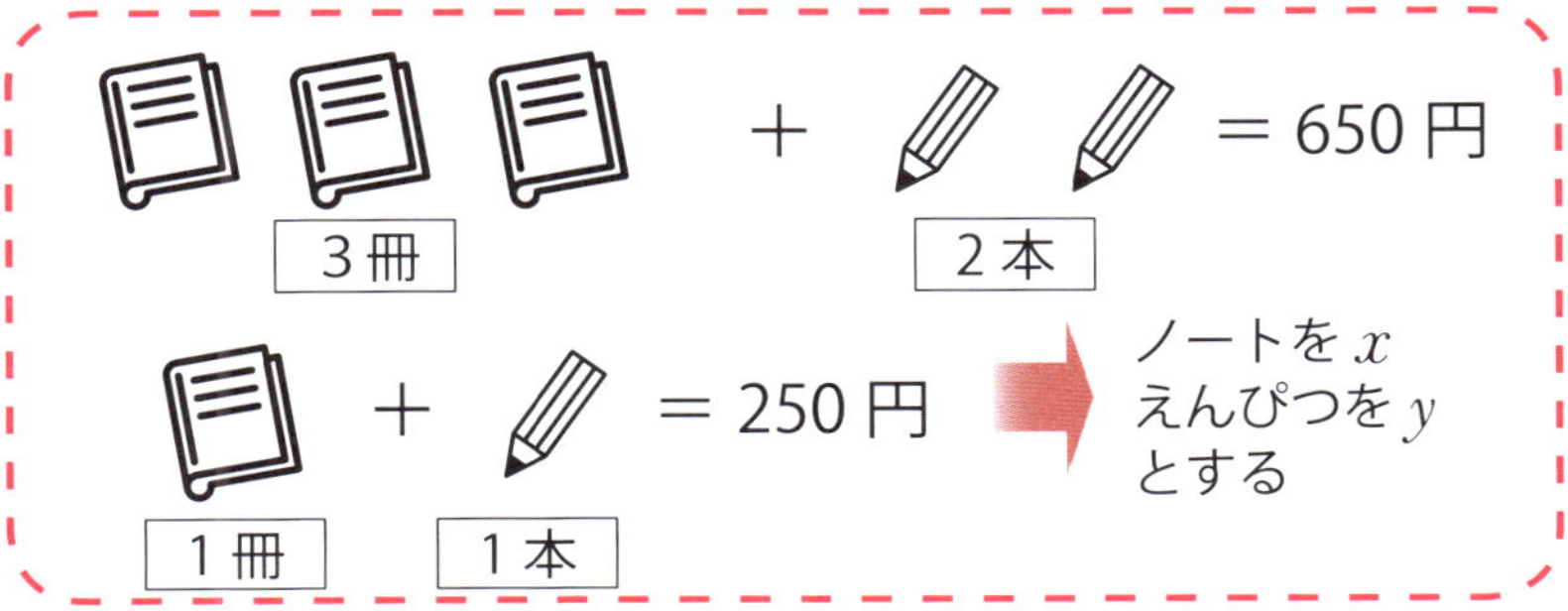

〈連立方程式〉

$3x+2y=650$

$x+y=250$

これを解くと

x（ノート）＝150円

y（えんぴつ）＝100円

数と式ちょっといい話

アーメス・パピルスという数学書に書かれていたこと

大英博物館にある、世界で最古の数学書は『アーメス・パピルス』です。紀元前１６５０年頃のものですから、書とは名ばかりのパピルス（植物）でできた巻物のようなものです。この書のおかげで約３７００年以前の数学について、知ることができたのです。19世紀中頃のことです。『アーメス・パピルス』には算術や幾何学などに関する87個の問題が記されています。方程式を使って解く問題には、次のようなものがあります。「ある数に、その数の7分の1を足したものが19になるときに、ある数はいくつか」ある数をxとすると、$x+\frac{1}{7}x=19$という方程式が成り立ち、答えは16・６２５となります。

また円周率についての問題も残されているのです。「直径9ケット（長さの単位、1ケットは約52m）の丸い土地の面積は?」というものです。次のように答えを求めます。「直径9からその9分の1を引いて8とする。8に8をかけて64セタト（面積の単位）となる」これは円に外接する正方形の四隅を切り取ってできる8角形によって円を近似している方法です（図A参照）。

円の面積を求める方法が紀元前1700年頃にすでに存在していたとはビックリです！

私たちは直径9の半径は4・5として4・5×4・5×3・14＝63・585と計算し、約64となります。ほとんど同じということがわかります。前の問題から、エジプト時代のやり方では円周率をいくつとして計算しているのかを出してみると$\left(\frac{16}{9}\right)^2$ですから、3・16となります。3・14に近い数値です。

『アーメス・パピルス』には、すばらしい考え方がある一方で、間違っていると思われる例もあります。なぜそのような間違いをしたのかを推測すると、当時のエジプトの人の考え方を知ることができます。間違いを検証すると数学がよりわかるようになります（詳しくは92ページ参照）。

『アーメス・パピルス』は別名『リンド・パピルス』とも呼ばれています。アーメスは文書を書きとめた人物の名前から、リンドは発見されたパピルスを買いとった英国人の学者から名づけられたものです。

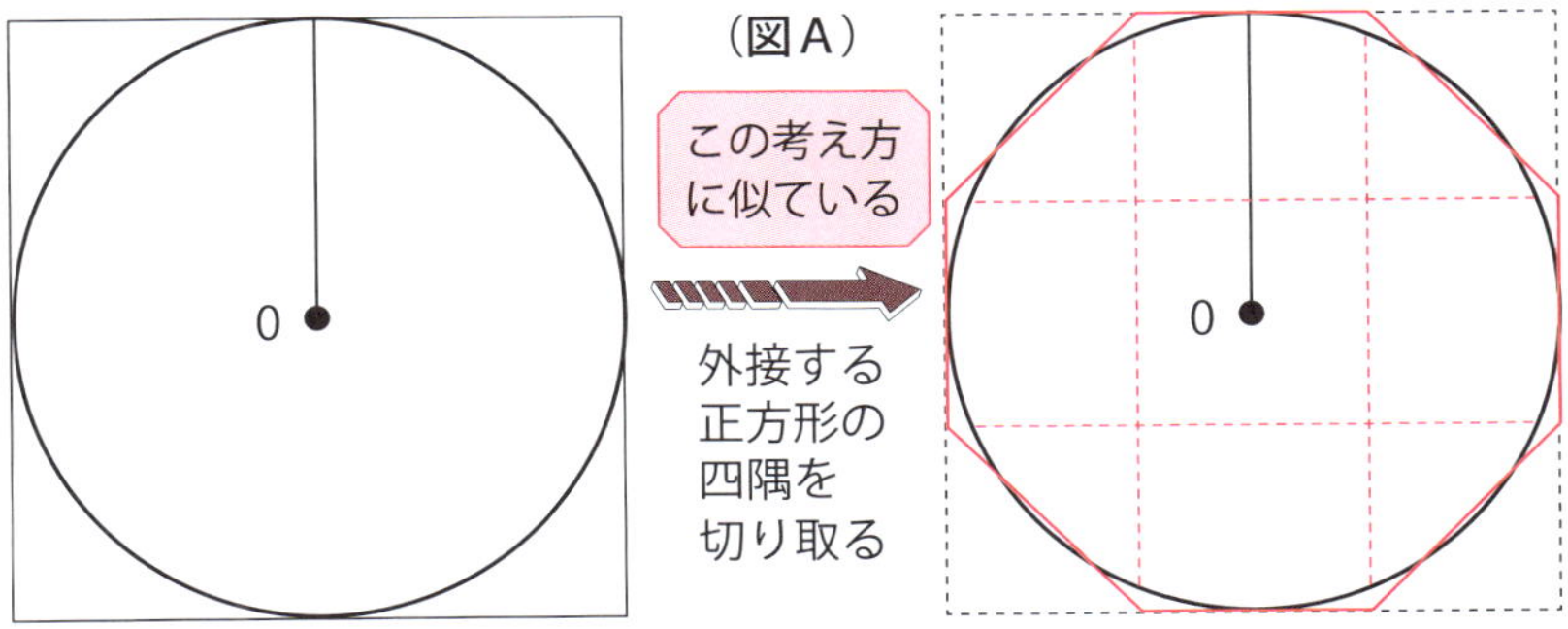

直径9ケット（長さの単位）の円の面積は64

直径9ケットということは、半径は4.5ケット

4.5×4.5×3.14＝63.585

64 ≒ 63.585（ほとんど同じ）

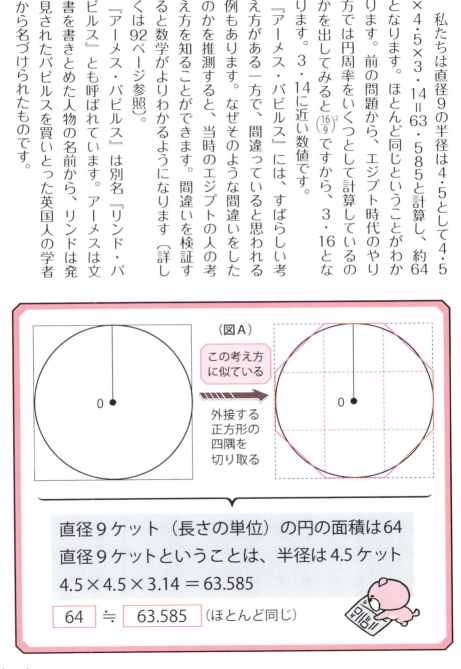

Column
＜3＞

ギリシア人を魅了した自然数と幾何学

ヨーロッパの数学は古代ギリシアが始まりといわれています。現在の高校までの数学の教科書に出てくる内容がかなりふくまれてます。中学で学ぶ「三平方の定理」は別名「ピタゴラスの定理」ともいいます。ピタゴラスは紀元前570年頃のギリシアの数学者ですが、哲学者としても有名です。

ピタゴラスの考えに賛同する人が集まり、紀元前5世紀～4世紀にかけ、ピタゴラス学派が活躍しました。世界の根源は数である、という考えから、「ピタゴラスの数」を発見したのです。$x^2+y^2=z^2$ を満たす自然数の組（x, y, z）は無限に存在するというものです。またギリシアの数学者ユークリッドは、紀元前300年頃「ユークリッド幾何学原論」を大成したといわれています。

ピタゴラス学派は自然数の不思議な美しさに、ユークリッドは物の形や大きさや星座などの位置から作り出される美しさに、それぞれ魅了されたのかもしれません。ユークリッドは、紀元前1050年頃から前700年頃にわたる古代ギリシアの美術の幾何学様式に影響されたと思われます。今でも幾何学模様はファッションや建築物に取り入れられています。ギリシアの哲学者や数学者を魅惑した幾何学模様を中世の教会でよく見ることができますが、哲学と宗教はどこかで繋がっていることを連想させます。ギリシアの哲学者や数学者がその美しさに夢中になっていたと想像すると、数学も身近な存在になるのでは。1つの例として「完全数」を挙げておきます。

Aという数自身を除いた約数の和が、A自身と等しくなる自然数のことを「完全数」といいます。例えば、$28=1+2+4+7+14$ なので28は完全数です。

第3章

学生時代に習った数式

方程式は文字を使った便利な式

方程式ってなぜ学ぶの？　と思ったことがある方は多いのではないでしょうか。

算数の時代は具体的な数字で計算していました。1個150円のりんごが6個なら、150×6=900、答えは900円となります。

ところが中学に入学すると、1学期早々に数学では文字式を学びます。

それ以降、具体的なものではなく抽象的な文字が、数学の教科書にはよく出てきます。

実は中1で文字式を学習するのは、方程式を理解し自由にあやつることができるようにするためなのです。線分図や表を作って解く問題が方程式を使うと「魔法」のように、あっという間に解けてしまうことがあるのです。

方程式の意味がわかり正確に解けるようになるためには、等式の性質を理解します。

その等式を理解するために文字式を学び、その文字式は文字（主にアルファベット）と数字から成り立っているのです。

「1個250円のケーキ6個を50円の箱に入れてもらいました。いくらになりますか？」

これを式で表すと、250×6＋50=1550となります。

もしケーキの数がわからなければxとして、250×x＋50=1550という等式が成立して、これを方程式といいます。

ケーキ1個の値段がわからなければ250を文字にして考えます（これらの問題は現実的ではありません。お店に行った人は値段も個数も知っているからです。パズルのような感じで考えてください）。次に、もう少し複雑な問題で考えてみましょう（左ページ参照）。

実際に方程式の問題を解いてみよう

問題

りんごを5個買うには、持っていた金額では120円足りません。4個買うことにしたら80円余りました。りんご1個の値段と持っていた金額を求めなさい。

方程式を知らない場合、線分図を利用すると
わかりやすくなります。

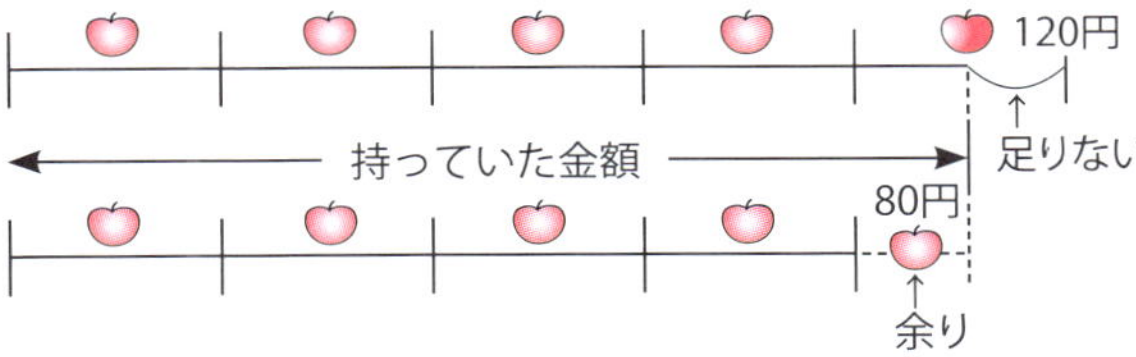

りんご1個は120＋80＝200で200円
持っていた金額は、200×4＋80＝880で880円

これを方程式では次のように表します。
りんご1個の値段をxとする。
　$5x-120$　→　持っていた金額⇒左辺
　$4x+80$　→　持っていた金額⇒右辺
左辺と右辺は同じになるので、
$5x-120=4x+80$という方程式が成り立ちます。$5x-4x=120+80$
　　　　$x=200$…りんご1個の値段
200×4＋80＝880…持っていた金額
このように方程式をつくれば、あとは計算さえまちがえなければ、答えが出ます。

「1個250円のケーキをx個買ったら1500円でした」これを等式で表すと、$250x=1500$となり、$250x$を左辺、1500を右辺といいます。この場合未知数xに6を「代入」すると等式が成立し、この特定の値を方程式の「解」といい、これを求めることを「方程式を解く」といいます。

関数で変化を読みとる

中学の関数の定義はいたってシンプルです。「**2つの変数x、yがあるとする。xの値を決めると、それにつれてyの値が1つだけ決まるとき、yはxの関数である**」

これを具体的で身近な例で考えるとわかりやすくなります。

「えみさんは時速4㎞でx時間歩いたらy㎞進んだ」

式で表すと$y=4x$となります。$x=1$のときは$y=4$、$x=2$のときは$y=8$、$x=3$のときは$y=12$となっていきます。xとyは常に「1対1対応」の関係になっています（左の表を参照）。これを一般式にすると、$y=ax$となり、yはxに比例するといいます。このときの文字yとaとxは役割が違います。**yとxは「変数」で、aは「定数」です。特にこの場合aを「比例定数」といっています。**

さらに1次関数も習います。

「2つの変数x、yについて、yがxの1次式で表されるとき、yはxの1次関数である」と定義しています。一般には$y=ax+b$という式で表されます。$b=0$のとき$y=ax$となりますが、これは比例の式です。

xの値が次々と変われば、それに対応してyの値が決まり、この点に注視すると関数は2つの量の変化が一目でわかり、変化の法則をグラフで視覚化できることを発見します。

x座標とy座標で決まる点が連続し、直線になっていきます。例えば、$y=2x+1$という1次関数のグラフは傾きが2、切片が1の直線になっています。

$y=ax+b$のaはグラフの傾きを表し、「変化の割合」ともいっています。

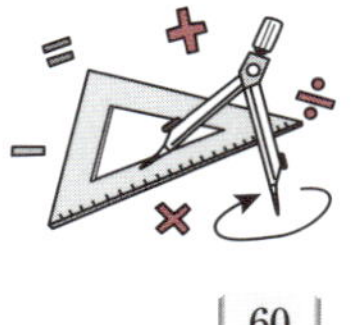

中学2年までに習う関数

$y=ax$ …比例（a：比例定数）

$y=\dfrac{a}{x}$ …反比例（a：比例定数）

$y=ax+b$ …1次関数（ax：xに比例する部分、b：定数の部分）

右のページで $y=4x$（$x>0$）という比例の式がありました。
対応表は次の通りです。

x 時	1	2	3	4	5	6	7	8	…
y km	4	8	12	16	20	24	28	32	…

グラフにすると図1のようになります。

（図1）

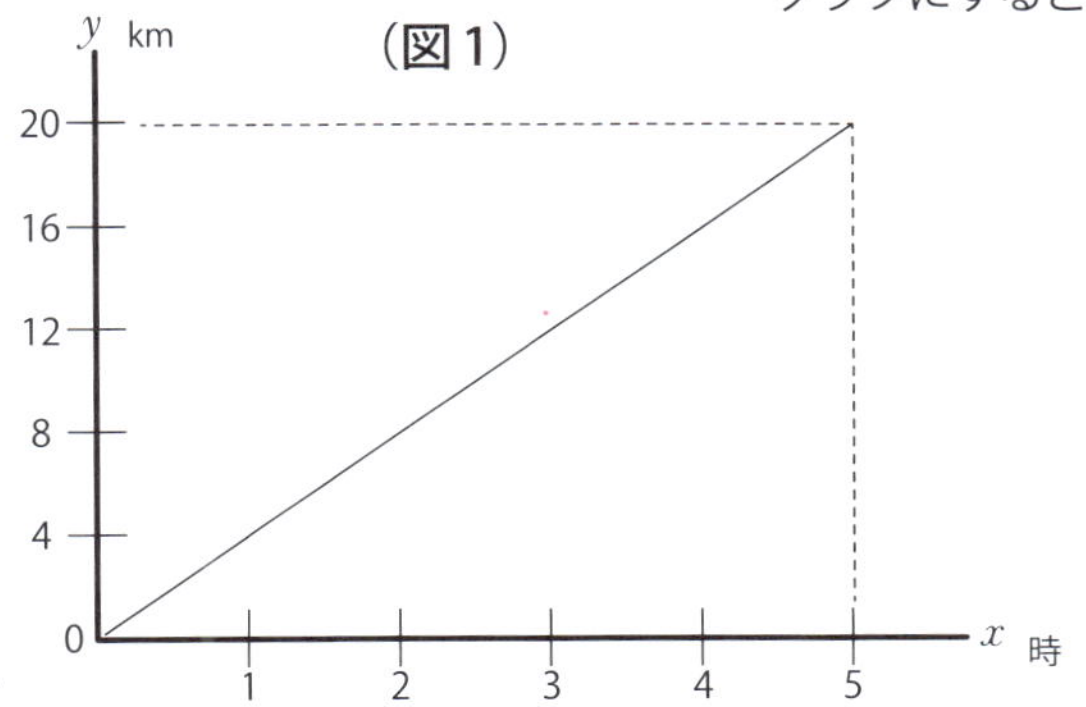

（図2）

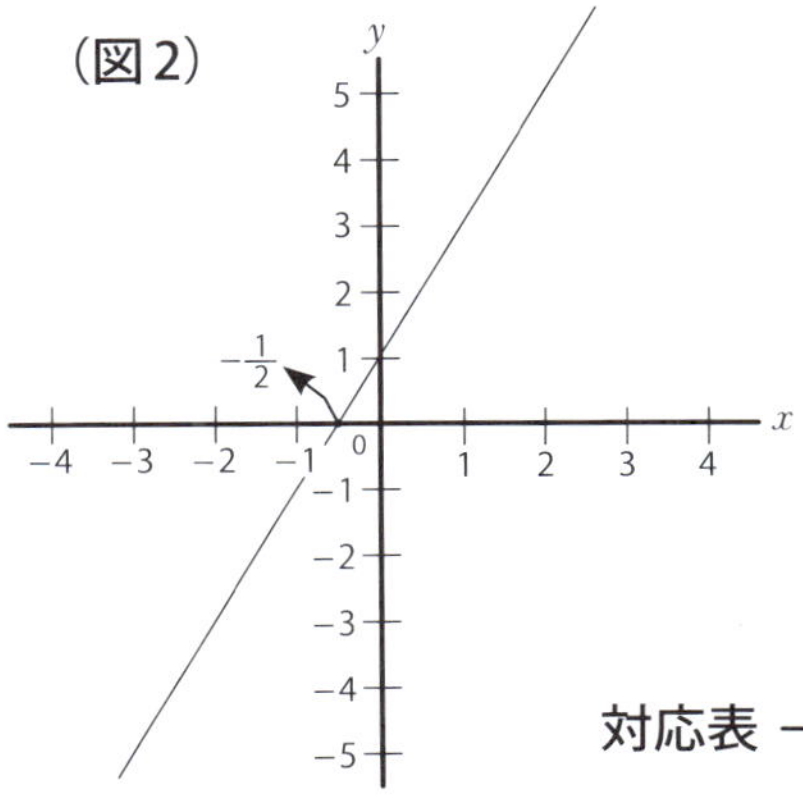

1次関数 $y=2x+1$ のグラフは図2となります。

対応表は変化がよくわかります。さらにグラフは視覚化され、2つの関係が明瞭となります。

対応表

x	−3	−2	−1	0	1	2	3	…
y	−5	−3	−1	1	3	5	7	…

列車のダイヤグラムは数と式の最適な教材

$y=ax+b$という1次関数の式は、色々な「直線」のグラフになります。1次関数は、2つの変数xとyの変化の割合や法則が、グラフに表すとよくわかるのです。

その例としてよく引き合いに出されるのが、列車のダイヤグラムです。

英語のDiagramは、もともと図表という意味を表します。しかし日本人がダイヤグラムというときは、たいがい列車のダイヤグラムのことです。

ダイヤグラムは、列車の運行状況をグラフで表したものです（左の図）。

今でも日常会話で、電車が遅れていることを日本では「ダイヤが乱れた」と表現していることからも、よくわかります。

実はこのダイヤグラム、数と式が大活躍する関数や方程式の応用問題として、今でも重宝されています。 左のダイヤグラムをよく見てください。直線は$y=ax+b$という式で表すことができ、グラフにしたときの定数aとbは何かを知ることが必要です。

グラフにするとaは傾きになりますから、列車の速さを表しています。

グラフが急なら速く、ゆるやかなら遅くなります。グラフが交差しているところは、「列車が出合う場所」ということ、さらにその交差するところは、連立方程式の解であるという知識が必要となります。

文字と数、式の計算、座標、関数、連立方程式といった、今まで習ったことを総動員して考えるのが、ダイヤグラムなのです。

ちなみにaすなわち傾きが0のときは、列車が動いていないことを意味しています。

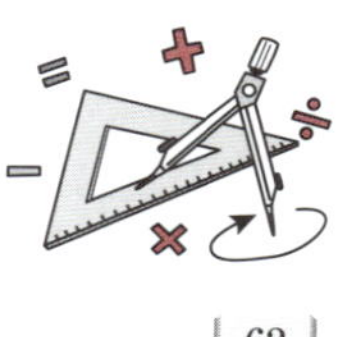

列車のダイヤグラム

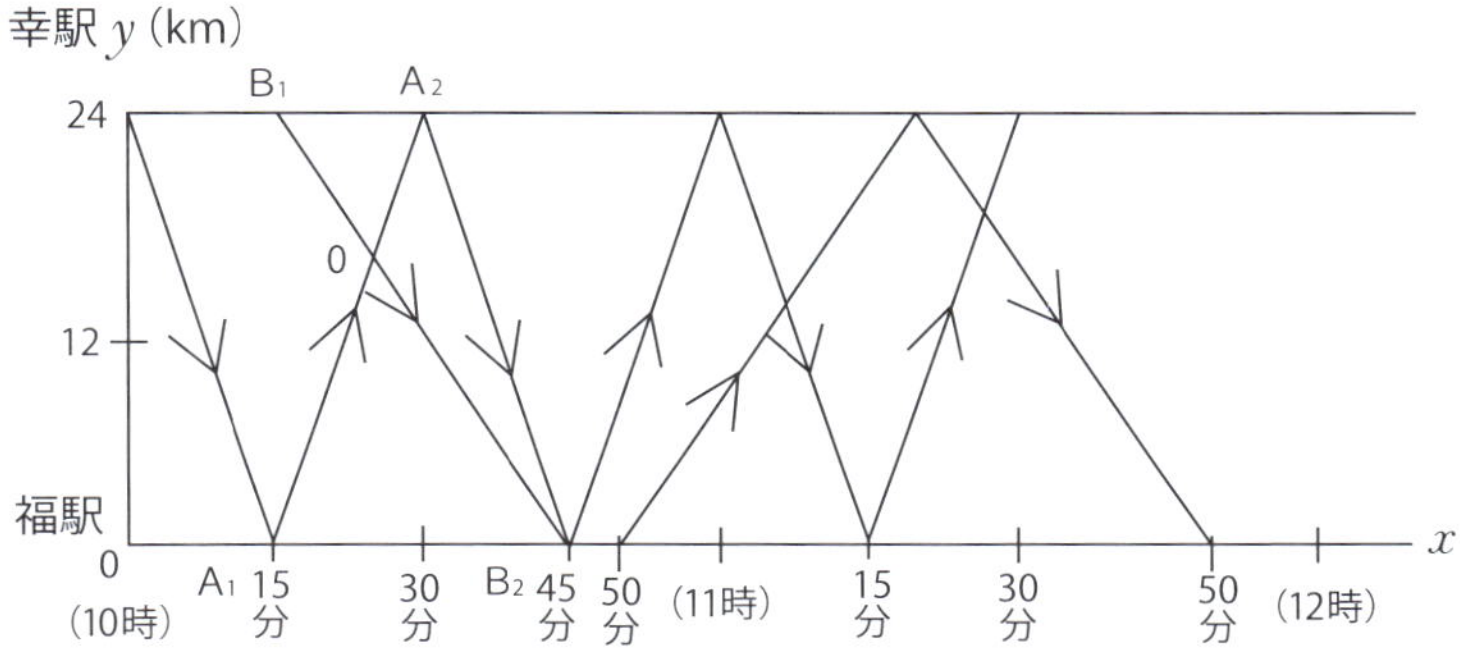

上の図は、24kmはなれた幸駅と福駅の間の10時から12時までのAとBの列車の運行状況を示したダイヤグラムです。Aは急行でBは普通とします。

質問

①AとBが10時から12時までの間にすれちがったのは何回ですか。

②AとBの速さを計算で求めてください。

③AとBが最初にすれちがうのは、何時何分ですか。また福駅から何kmのところですか。

答え

質問①　3回

質問②　A→$24 \div \frac{1}{4}\left(\frac{15}{60}\right)=96$、B→$24 \div \left(\frac{30}{60}\right)=48$（距離÷時間＝速さ）

A→時速96km、B→時速48km

質問③

xは時間、yは距離、

$A_1A_2 \to y=96x+b,\ 0=96\frac{1}{4}+b,\ 0=24+b$

($y=0$のとき$x=\frac{1}{4}$, 15分＝$\frac{1}{4}$時間なので)

より$b=-24$となる。

$A_1A_2 \to y=96x-24$、同様に、$B_1B_2 \to y=-48x+36$

Oは2つの方程式の交点。連立方程式により、

$x=\frac{5}{12}$、$y=16$、Oの座標は$\left(\frac{5}{12}, 16\right)$

$\frac{5}{12}\times 60=25$、10時25分にすれちがう。福駅から16km

放物線を2次関数の式で表す

列車のダイヤグラムは1次関数を利用したもので、列車の運行状況が一目でわかる、便利な道具のひとつでした。

私たちの身のまわりには1次関数ではなく、2次関数の曲線を見る機会が意外と多くあります。

小石を水平に投げると、曲線を描いて落下していきます。ボールが床ではね返る様子をストロボ写真にすると、きれいな曲線となっていることがわかります。

公園の噴水は曲線を描いています。衛星放送を見ている家庭では、パラボラアンテナにお世話になっているのではないでしょうか。

曲線の中でも放物線は左右対称で「安定した美しさ」があるので、放物線を使った美術品などが多数あります。

古くは古墳時代の銅鐸、現代まで続いている除夜の鐘のつりがねなど、宗教関係の工芸品などに多く見られます。

中世から近世にかけてのヨーロッパの教会や建造物にも放物線に見えるものがあります。明り取りの窓などのステンドグラスにも、曲線がよく用いられています。

この放物線、実は点が規則正しく変化した軌跡と考えることができます。変数xの値を決めるとそれに対応したyの値もただ1つ決まります。1対1対応の連続ということは、放物線も「関数の式」で表すことができます。$y=ax^2$という2次式を、2次関数と呼んでいます。

この関数は、原点を頂点としたグラフになります。

なお、2次関数の一般式は$y=ax^2+bx+c$になります。

中学の教科書では$y=ax^2$という関数を学び、次にグラフを学ぶという順序になっています。ここではあえて、私たちの身のまわりの目に見える曲線や放物線から考えます。視点が変わると学校で学んだことがまた違った風に見えてくるのではないでしょうか。

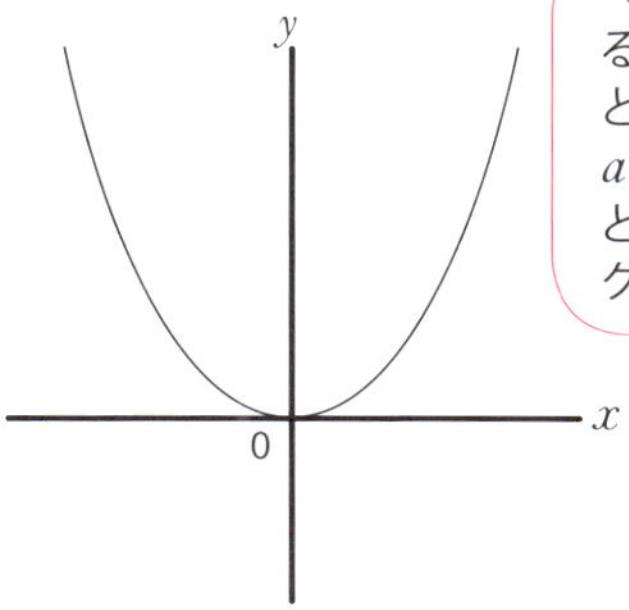

「y が x の関数で、$y=ax^2$と表されるとき、y は x の2乗に比例する」といいます。2次関数の一般式$y=ax^2+bx+c$ の$b=0$及び$c=0$の場合ともいえます。$y=x^2$ は図のようなグラフになります。

身のまわりにある曲線

▲パラボラアンテナ

▲教会のステンドグラス

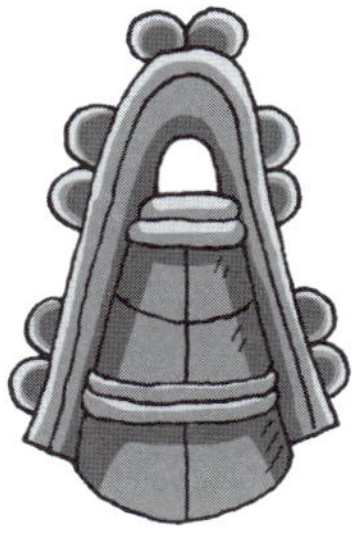

▲古墳時代の銅鐸

▲ボールが跳ねる様子

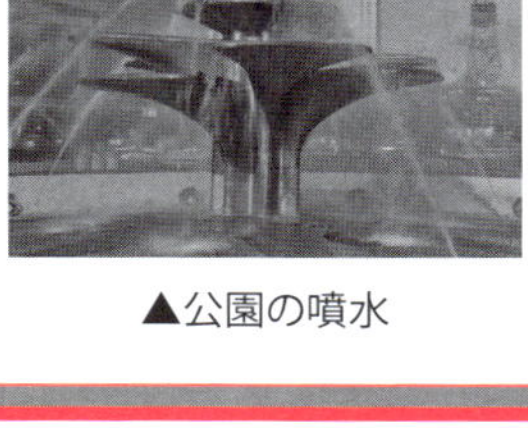

▲公園の噴水

有理数と無理数の違いがわかりますか？

「数とは何？」と真剣に考えると、けっこう奥が深いものです。

算数では、りんごが「ふたつ」あれば「2」、かきが「みっつ」あれば「3」という数字で表しました。

私たちは無意識のうちに、数＝「量」として考えていましたが、量の他に「順番」を表す数もあります。10％といった割合を表すものもあります。

量などを表す数は1、3といった整数だけでなく、$\frac{1}{2}$、$\frac{2}{5}$といった分数もあります。さらに0.25, 0.4といった小数もあります。これらの数を数学では有理数と呼んでいます。

一般的には「整数aと0でない整数bを用いて分数$\frac{a}{b}$の形に表すことができる数」を有理数としています。

実はギリシアの時代から「数」は哲学者や数学者が思考の対象とした重要なテーマだったのです。直線で考えると、ほとんどの数が説明できます。

左のページの「数直線」を見てください。有理数だけでは表せない数が数直線上にあると考え、有理数でないものを無理数としました。$\sqrt{2}$やπは有名な無理数です。（$\sqrt{2}=1.4142\cdots$, $\pi=3.1415\cdots$）そして、この有理数と無理数をあわせて「実数」といいます。数直線上の点全体の集合は実数の集合全体となっています。

「たかが直線」と私たちは思ってしまいますが、数を考える上では大切な道具なのです。

点の集まりが線になると数学では考えます。1点を1つの数とすると数は連続して線になります。

関数のグラフが曲線になるのは、点の集まりの連続だからなのです。

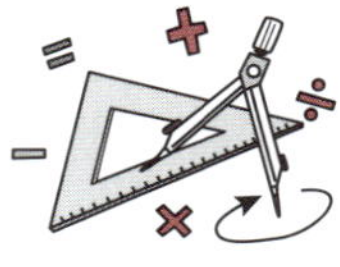

一般的な数直線は図1ようになります。

（図1）

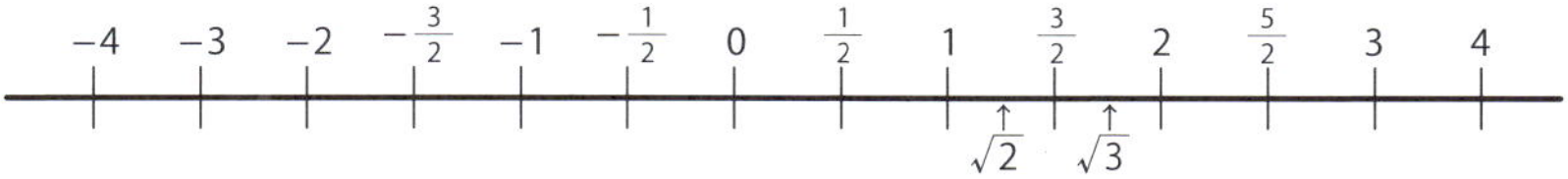

直線は点の連続と考えると、上で示した有理数すなわち整数と分数だけでは、連続しないことになります。そのすき間をうめるのが無理数と考えることができます。

$\frac{a}{b}$ と表示できる分数には、有限小数と割り切れないが循環する循環小数があります。$\frac{1}{4}$ は1 ÷4＝0.25で $\frac{1}{3}$ は1÷3＝0.333…、$\frac{1}{4}$ は有限小数、$\frac{1}{3}$ は循環小数となります。

$\sqrt{2}$ や $\sqrt{3}$ や π は循環しない小数です。これらを無理数といいます。なお、循環小数と無理数は、小数点以下の部分が限りなく続くので、無限小数といいます。実数をまとめると図２のようになります。

（図2）

- 実 数
  - 有理数
    - 整数〔$-2, -1, 0, 1, 2, \cdots\cdots$〕
    - 有限小数〔$\frac{1}{2}=0.5$, $\frac{5}{4}=1.25, \cdots\cdots$〕
    - 循環小数〔$\frac{5}{3}=1.666\cdots$ $\frac{5}{6}=0.833\cdots$〕
      （無限小数）
  - 無理数（循環しない無限小数）〔$\sqrt{2}$, $\sqrt{3}$, $\pi, \cdots\cdots$〕

実数に対して「虚数」という用語が高校の数学には出てきます。２乗すると－1になる数を19世紀の初期に考え出しました。$i^2=-1$ です。

中学入試によく出る問題①（流水算）

最初の項目で、方程式は便利な式であることをお伝えしました。

　複雑そうな問題でも、今までの知識を活用して方程式をつくって、一定のルールに従って計算すれば、自動的に答えが出てきます。式をつくればコンピュータで計算できるということにもなります。私はこのような問題の解き方を「デジタル方式」と名付けています。

　今回紹介する「流水算」、どこかで聞いたことがあるのではないでしょうか。

　左のページの流水算の問題を見てください。算数や数学の文章題に苦手意識があると、文章は読んでいるが内容が頭の中に入っていかないことが多々あります。

　ただ読んでいるだけで、イメージができていないためです。

読みながら左のページで示したような線分図をかく練習をすると、何となく全体をつかむことが可能となってきます。一番初めは求められているものを、□や○やxやyといった記号にすることです。

　□や○やxやyを使って文章の内容に適した線分図をかいて、理屈で考えていきます。順序だてて論理的に図などを使って最後まで考えていくのが、算数の解き方といってもよいかもしれませんね。

　図や表などを駆使して、視覚も活用してコツコツと自力で解いていくので、私はこれを「アナログ方式」と名付けています。

　最後に方程式の解き方も示しておきました。デジタル方式とアナログ方式のどちらも良い点があることを見抜いていただければと思います。

流水算の問題

川の下流にあるＡ地点と上流にあるＢ地点は12km離れています。ある船が、Ａ地点からＢ地点まで上るのに2時間かかり、Ｂ地点からＡ地点まで下るのに1.5時間かかりました。次の各問いに答えなさい。

1．この船の静水時の速さは時速何㎞ですか。

2．川の流れの速さは時速何㎞ですか。

解き方

次の線分図を見てください。求める静水時の船の速さをx、川の流れの速さをyとすると、上りの速さ○は、xより川の流れの速さyだけ遅くなり○＝$x-y$となります。下りの速さ□は、川の流れの速さだけ速くなり□＝$x+y$となります。

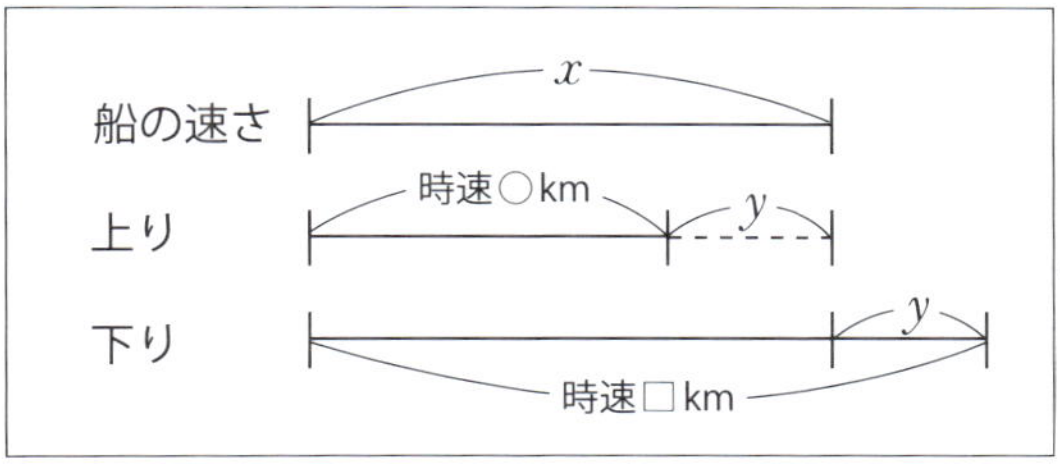

1．上りの速さは12÷2＝6で、時速6㎞。下りの速さは、同様に12÷1.5＝8で、時速8㎞。静水時の船の速さxは、（上りの速さ＋下りの速さ）÷2で、x＝(6＋8)÷2＝7。静水時の船の速さは時速7㎞。

2．下りの速さと上りの速さの差は、川の流れの速さyが2つです。(8−6)÷2＝1で時速1㎞。

（方程式で解く）

船の速さ→x、川の流れの速さ→y、連立方程式をつくり解を求めます。

[道のり(12)÷速さ($x-y$)＝距離(2)の公式を利用]

$$\begin{cases} \dfrac{12}{x-y}=2 \\ \dfrac{12}{x+y}=1\dfrac{1}{2} \end{cases} \qquad x=7,\ y=1$$

中学入試によく出る問題②（つるかめ算）

昔なつかしい「つるかめ算」の登場です。つるかめ算も中学入試では定番の算数の問題です。算数では方程式を使わないことになっていますから、前回と同様「アナログ方式」で解いてみることにします。

つるは足が2本、かめは4本といった特性を生かした問題です。

具体的には「つるとかめが合わせて6います。つるとかめの足の数は合わせて20本です。つるは何わで、かめは何ひきですか」となります（答えは、つる2わ、かめ4ひき）。

流水算では線分図が活躍しましたが、つるかめ算は「面積図」といった和算特有の図で解いていきます。

長方形の面積はタテ×ヨコで求められることを利用した解き方で、図形の面積で解を求めます。面積が何を意味しているのかをよく考えないと先に進むことはできません。

方程式はかなり抽象的思考が求められますが、面積図は具体的な量を見ながら考えていくことができます。視覚をフルに活動させて理屈で考えていく、まさに「アナログ方式」の解き方といってもよいでしょう。

左のページのつるかめ算は、「つる」と「かめ」という文字は1つも出てきません。

出てこないけれども、つるかめ算だと見破るスキルが、小学生には求められていることも知っておきましょう。

左の問題では62円切手が「つる2本」、82円切手が「かめ4本」、代金2220円が「あわせて20本」、枚数30枚が「つるとかめで6」に相当しています。

つるかめ算の問題

1枚62円の切手と1枚82円の切手をあわせて30枚買ったら、代金は2220円でした。62円切手と82円切手をそれぞれ何枚買いましたか。次の面積図を参考にして考えてください。

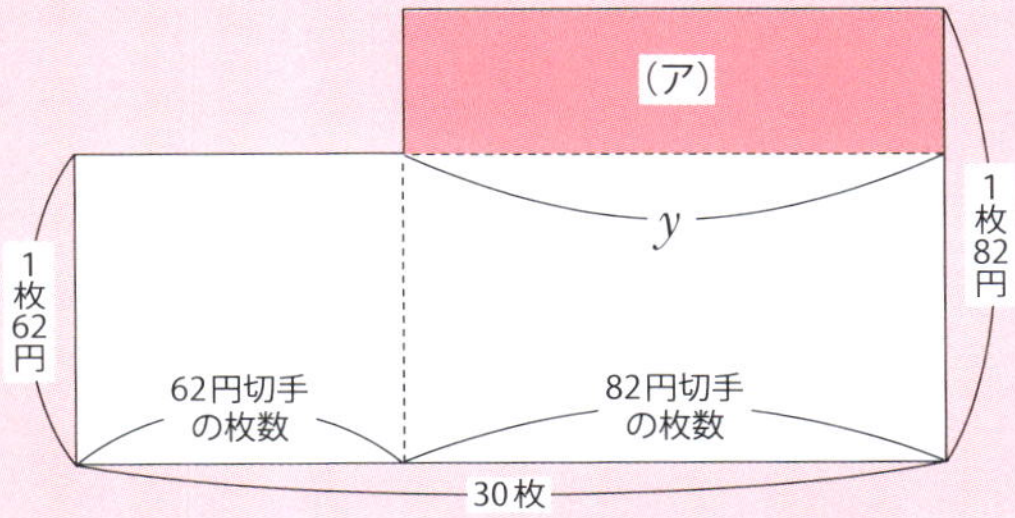

解答

$2220-62\times30=360$　$360\div(82-62)=18$

$30-18=12$

答え　62円切手12枚、82円切手18枚

解き方

タテは、1つあたりの量（切手1枚あたりの単価）を示し、ヨコは切手の枚数を示しています。また面積は全体量（代金）を表しています。全部62円切手を買ったとすると、62円×30枚＝1860円となります。(ア)の面積は2220－1860＝360となります。(ア)のyは82円の切手の枚数ですから、$y\times(82-62)=360$　$20\times y=360$で$y=18$　82円切手は18枚、62円切手は30－18＝12で、12枚となります。

方程式の解き方

62円をx枚、82円をy枚

$$\begin{cases} x+y=30 \\ 62x+82y=2220 \end{cases}$$

この連立方程式を解くと$x=12$、$y=18$

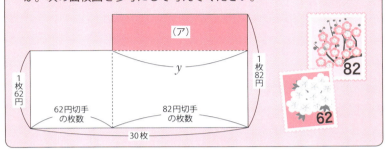

中学入試によく出る問題③（過不足算）

今回は過不足算に挑戦してみましょう。大人なら方程式をつくりすぐ解いてしまう方も多いと思います。

しかし算数は原則として方程式を使わないというルールがあります。過不足算も面積図を活用して解いてみましょう。

「面積図でなぜ解ける文章題があるの？」という素朴な疑問をもっている人も多いのではないでしょうか。

まず左の長方形の図を見てください。**「たて×よこ」という式で面積が求められます。「何か」と「何か」をかけると、長方形が「何か」の量を表していると考えることができるのです。**

例えば「1個300円のももが4個でいくらか」は300×4=1200で1200円です。たてを1個の値段、よこを個数とすることができます。

するとかけ算の積1200円は全体の金額で、長方形の面積（xとyの積）になります。このような性質を活用すると面積図で解ける文章題がかなりあります。

これも「アナログ方式」といってもよいと思います。

実は左のページのような過不足算は、先ほどのつるかめ算と同様現実的ではありません。なぜなら、くりを配る人は子どもの人数とくりの数を知っているからです。

「なぞなぞアソビ」の延長として、頭の体操ぐらいの気持ちで挑戦してみてください。

もし方程式しか知らない人がこの解き方に出合うと、衝撃的かもしれませんよ。

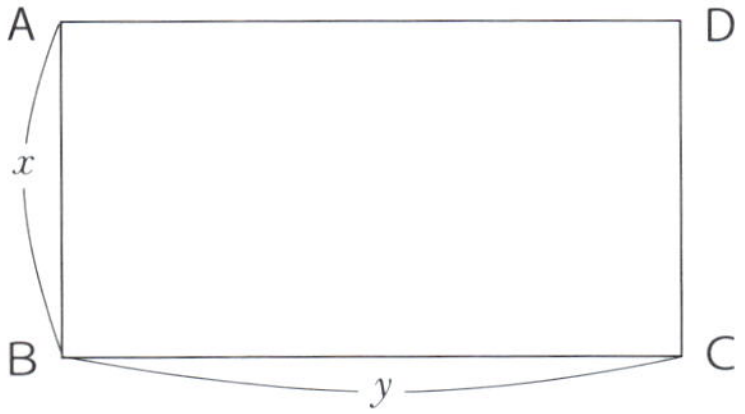

長方形ABCDのタテをx、ヨコをyとすると、この場合$x\times y$は面積になります。

※長方形が「何か」の量を表していると考えます。

過不足算の問題

くりを何人かの子どもたちに配ります。1人につき10個ずつ配ると20個余り、12個ずつ配ると12個不足します。次の面積図を利用して各問に答えなさい。

①子どもの人数は何人ですか。
②くりは全部で何個ありますか。

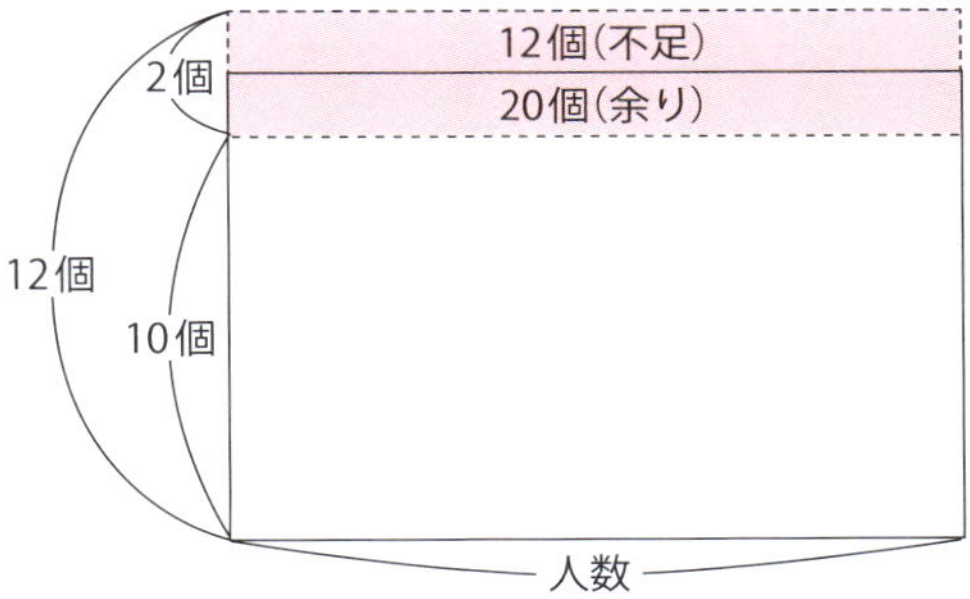

解答

①(20＋12)÷(12－10)＝32÷2＝16
　答え16人
②16×10＋20＝180　答え180個

解き方

①タテに1人あたりの個数、ヨコに人数をとると、面積は全体のくりの個数を示すことになります。
　アミの部分をよく見てください。タテは、1人2個の差（12－10）があり、その部分のくりの個数は32個（20＋12）です。また、アミ部分の面積となります。人数をxとすると、x＝32÷2＝16、人数は16人。
②くりの個数は、16×10＝160、余りの20個を足します。160＋20＝180で、180個となります。

方程式の解き方

子ども⇒x、$10x+20=12x-12$　$x=16$　くりは16×10＋20＝180

図形と数式で考える三角比

三角比を忘れていても、「サイン・コサイン・タンジェント」という言葉を覚えている方は多いと思います。

三角比あたりから高校の数学が遠い存在になり、「数学なんて私にはムリムリ」と考え始める人がいると聞きます。

しかし三角比は生活と関係ある場面が多い数学であることがわかると、敬遠する気持ちは薄らぐのではないでしょうか。また**三角比は見なれた直角三角形をもとにしているので、苦手意識さえ持たなければ大丈夫です。**

60歳以上の方は中学の数学で三角比の入口の部分は学んでいるはずです。高い木や灯台や校舎の高さを求める問題が教科書にあったことを思い出すシニアの方もいるのではないでしょうか。

底辺が4㎝、高さが3㎝、斜辺が5㎝の直角三角形ＡＢＣがあります（左のページ図1）。ＢＣに平行線Ｂ′Ｃ′をひくと、直角三角形ＡＢＣと直角三角形ＡＢ′Ｃ′は相似です。底辺ＡＣと高さＢＣの割合と底辺ＡＣ′と高さＢ′Ｃ′の割合は同じです。一般に∠Ｃが直角である直角三角形ＡＢＣにおいて、ＡＣとＢＣの割合は、△ＡＢＣの大きさに関係なく同じです。

∠αの大きさだけでＡＣとＢＣの割合が決まるのです。

ＡＣとＢＣの割合を∠αの正接またはタンジェントといい、tanαと書きます。同様にＡＢとＢＣの割合は∠αの正弦又はサインといい、sinαと書きます。

ＡＢとＡＣの割合は∠αの余弦又はコサインといい、cosαと書きます。sin、cos、tanを三角比といいます。

三角比を数式で考える

（図1）

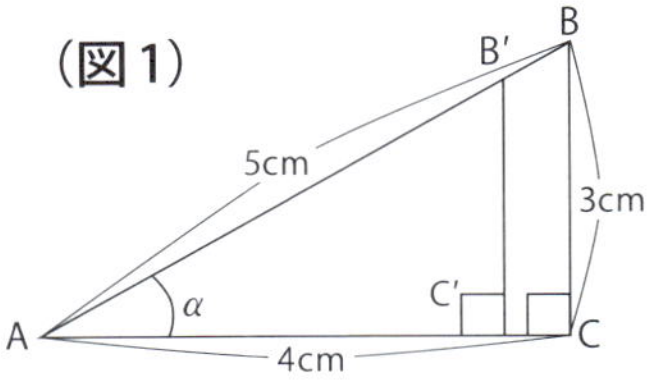

図1において△AB'C'∽△ABCなので、AC：BC＝AC'：B'C'となり、$\frac{BC}{AC}=\frac{B'C'}{AC'}$ が成立します。

同様に、$\frac{BC}{AB}=\frac{B'C'}{AB'}$、$\frac{AC}{AB}=\frac{AC'}{AB'}$ となります。 $\tan\alpha=\frac{BC}{AC}=\frac{3}{4}$、

$\sin\alpha=\frac{BC}{AB}=\frac{3}{5}$、 $\cos\alpha=\frac{AC}{AB}=\frac{4}{5}$

（図2）

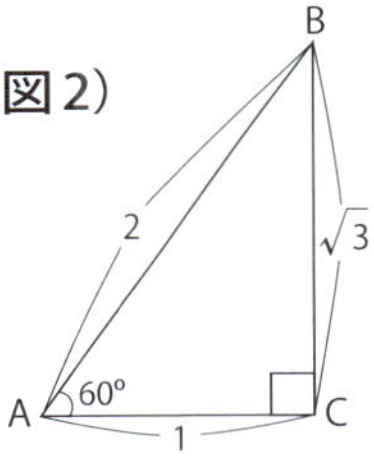

∠αが60°と30°の場合を考えると次のようになります。

∠α＝60°の直角三角形（図2）はAB＝2、AC＝1、BC＝$\sqrt{3}$、

$\sin 60°=\frac{BC}{AB}=\frac{\sqrt{3}}{2}$、$\cos 60°=\frac{AC}{AB}=\frac{1}{2}$、

$\tan 60°=\frac{BC}{AC}=\sqrt{3}$

（図3）

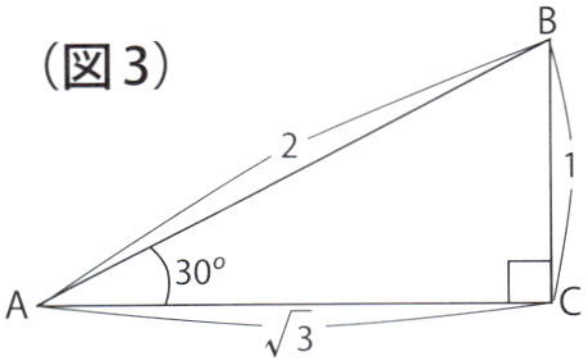

∠α＝30°の直角三角形（図3）はAB＝2、AC＝$\sqrt{3}$、BC＝1、

$\sin 30°=\frac{1}{2}$、$\cos 30°=\frac{\sqrt{3}}{2}$、$\tan 30°=\frac{1}{\sqrt{3}}=\frac{\sqrt{3}}{3}$

高校の数学の教科書の巻末には、「三角比の表」があります。αが60°なら、sin → 0.8660、cos → 0.5000、tan → 1.7321、αが30°なら、sin → 0.5000、cos → 0.8660、tan → 0.5774、などとなっています。

<問題例>

高さPQの木があります。RからPまでの角度を測ったら60°でした。RQは5mです。この木の高さを求めなさい。

（図4）

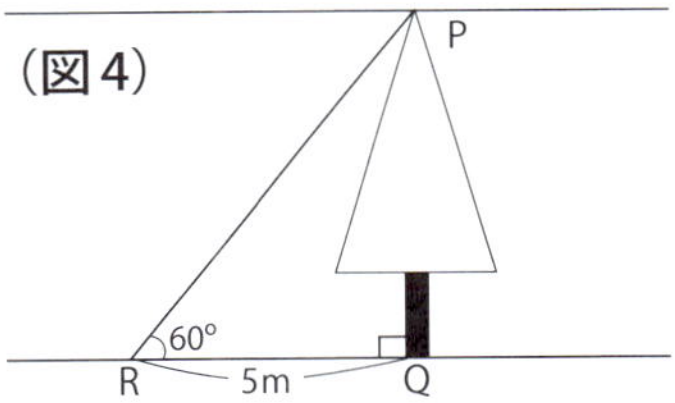

tan60°を使って求めます。

$\tan 60°=\frac{PQ}{5}=\sqrt{3}$、$\sqrt{3}=1.732$

として計算すると、$5\times\sqrt{3}=8.660$

答え　8.66m

正弦定理と余弦定理とは何かを知る

三角比を活用すると、高い木や建物などの高さは、実際に上に登らなくても計算で求めることができました。

三平方の定理と相似の性質を利用して考え出されたのが三角比です。

直角三角形の1辺と1つの角がわかっていれば、山の高さや川の幅の広さなどを計算で求めることができました。では一般の三角形はどうなのでしょうか。

中学で学んだ三平方の定理を知っていると、2つの辺がわかれば残りの辺も必ず計算で求めることができました。

さらにsin、cos、tanの三角比を使えば、1つの辺と直角以外の1つの角がわかれば、他の2辺を求めることができるようになりました（図1）。

ただし、それは直角三角形という特殊な三角形だけのことです。図2のような一般の三角形の場合は適用できません。

しかし、**正弦定理と余弦定理を学ぶと、一般の三角形の場合でも辺や角を求めることができるようになります**。

△ABCの外接円の半径をRとすると、3つの角と3つの辺によって正弦定理が成り立ちます（図3）。（証明は高校の教科書などを参照してください）。この定理を使うと図4や図5のような問題が解けます。

また△ABCの1つの角と3辺の長さのあいだに余弦定理が成り立ちます（図6）。

三平方の定理と三角比を利用して証明できます（これも高校の教科書を参照してください）。

この定理を使うと図7や図8の辺や角を求める問題が解けるようになります。

正弦定理と余弦定理とは何か

(図1)

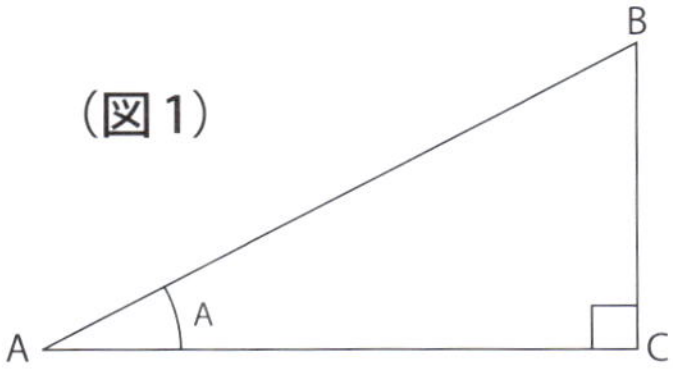

(図2)

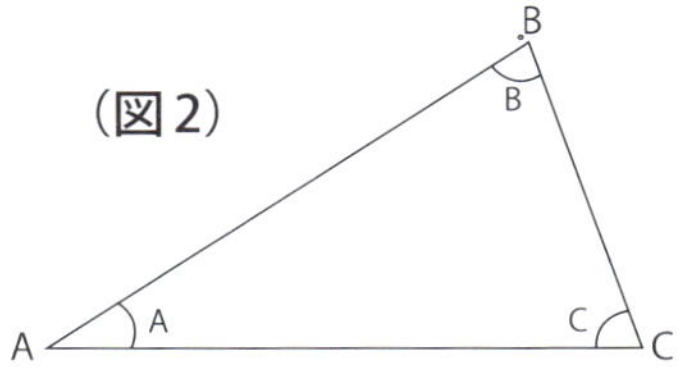

(図3)

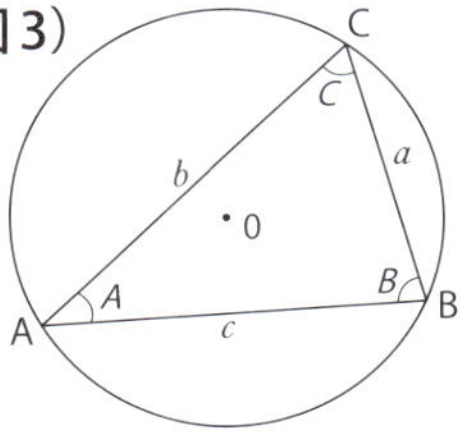

△ABCの3つの角∠A、∠B、∠Cの対辺の長さを、それぞれa、b、cで表します。△ABCの外接円の半径をRとすると、次の正弦定理が成り立ちます。

円周角の定理などを使って証明しますが、ここでは結果のみを示しておきます。

$$\frac{a}{\sin A}=\frac{b}{\sin B}=\frac{c}{\sin C}=2R$$

辺 を求める問題

(図4)

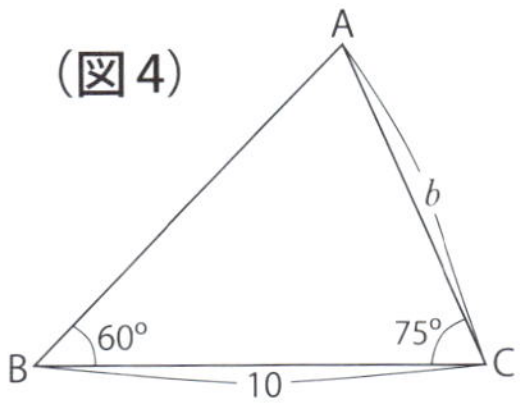

答え　$b=5\sqrt{6}$

∠Aと∠Cを求める問題

(図5)

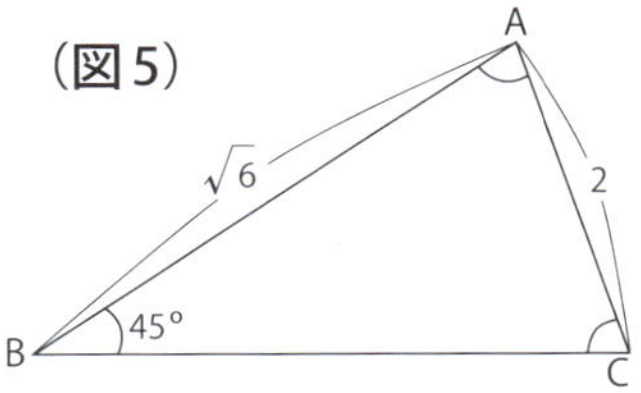

答え　C=60° A=75°又はC=120° A=15°

余弦定理

$a^2=b^2+c^2-2bc\cos A$

$b^2=c^2+a^2-2ca\cos B$

$c^2=a^2+b^2-2ab\cos C$

(図7)

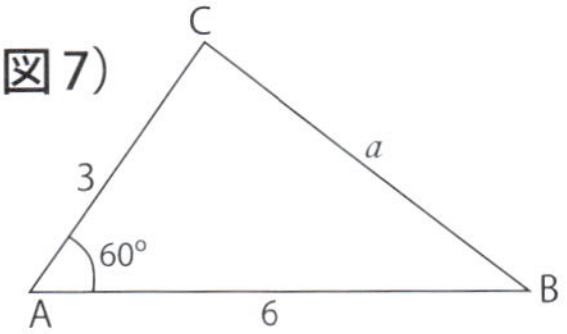

(図8)

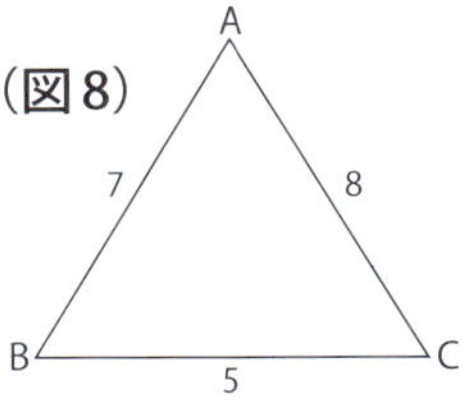

(図6)

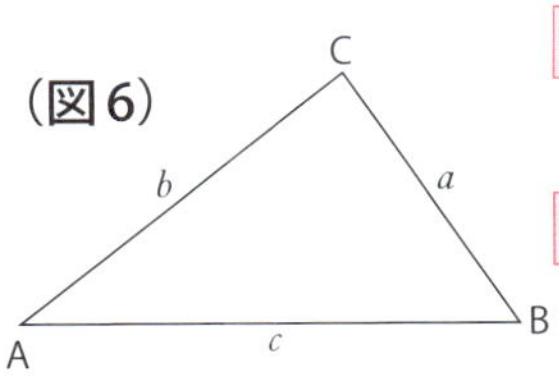

問題 1
(図7)

△ABCにおいて$b=3$、$c=6$、A=60°です。aを求めなさい。余弦定理 $a^2=b^2+c^2-2bc\cos A$を使います。　$a=3\sqrt{3}$

問題 2
(図8)

△ABCにおいて$a=5$、$b=8$、$c=7$のときCを求めなさい。

$c^2=a^2+b^2-2ab\cos C$を使います。

C=60°

三角関数をグラフで表現してみる

いよいよ最近何かと話題になった三角関数を取りあげます。3年程前にある県の現職の知事が「高校教育でサイン・コサイン・タンジェントを教えて何になるのか」といったような発言をし、物議を醸しました。ネット上では「三角関数が役に立つ立たない」という議論に発展していったようです。しかし、74ページから77ページで紹介した「sin、cos、tan」だけでは、三角関数とは一般的にはいいません。

まだ三角比の段階です。三角比で地ならしをして、本番の三角関数に迫っていく手順となっています。

関数の基本は1次関数の$y=ax+b$です。変数xのある数がただ1つ決まるとそれに対応したyも1つ決まり、その連続した点の軌跡が我々がよく見るグラフなのです。

動径OPの表す一般角θを決めてから（図1）、三角関数の定義へと進んでいきます。ここで初めて座標が出てきます。xとyという変数が登場します。αを一般角θに拡張し、$\cos\theta$、$\sin\theta$などをθの関数とみたとき、三角関数と称するのです。このとき半径を1とした円、すなわち「単位円」を用います（図2）。それにより三角関数のいくつかの公式が導き出されます。

角θの動径と単位円の交点をPとすると、Pのy座標が$\sin\theta$、x座標が$\cos\theta$となります(図3)。これを利用すると、$y=\sin\theta$や$y=\cos\theta$のグラフがかけます（図4）。

$y=\cos\theta$のグラフは、どこかで見たことがありませんか？　オシロスコープで音叉の音の波形を調べたときの形です。

(図1)

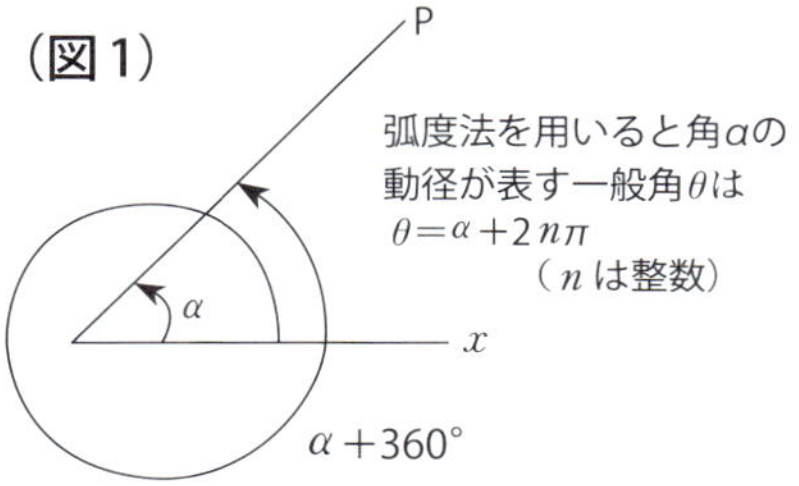

(図2)

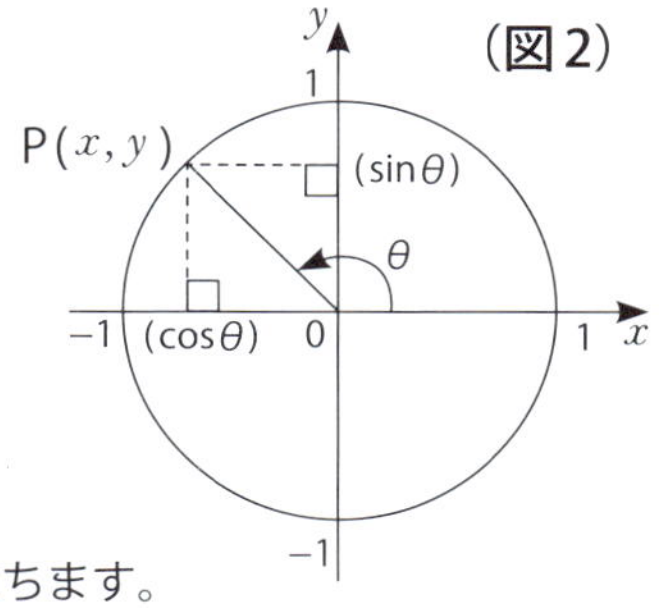

図2より三角関数の相互関係の公式が成り立ちます。
$x=\cos\theta$、$y=\sin\theta$と$x^2+y^2=1$から①が導き出されます。

① $\sin^2\theta+\cos^2\theta=1$

② $\tan\theta=\dfrac{\sin\theta}{\cos\theta}$

③ $1+\tan^2\theta=\dfrac{1}{\cos^2\theta}$

図2をもとに、次の公式も成り立ちます。

④ $\theta+2n\pi$の三角関数

$\sin(\theta+2n\pi)=\sin\theta$
$\tan(\theta+2n\pi)=\tan\theta$
$\cos(\theta+2n\pi)=\cos\theta$

⑤ $-\theta$の三角関数

$\sin(-\theta)=-\sin\theta$
$\tan(-\theta)=-\tan\theta$
$\cos(-\theta)=\cos\theta$

⑥ $\theta+\dfrac{\pi}{2}$の関数

$\sin\left(\theta+\dfrac{\pi}{2}\right)=\cos\theta$

$\tan\left(\theta+\dfrac{\pi}{2}\right)=-\dfrac{1}{\tan\theta}$

$\cos\left(\theta+\dfrac{\pi}{2}\right)=-\sin\theta$

⑦ $\theta+\pi$の三角関数

$\sin(\theta+\pi)=-\sin\theta$
$\tan(\theta+\pi)=\tan\theta$
$\cos(\theta+\pi)=-\cos\theta$

(図3)

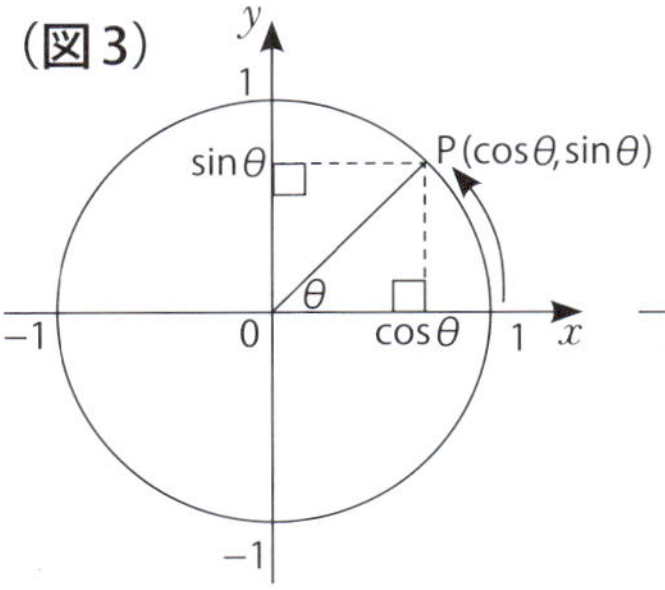

(図4) $y=\cos\theta$のグラフです

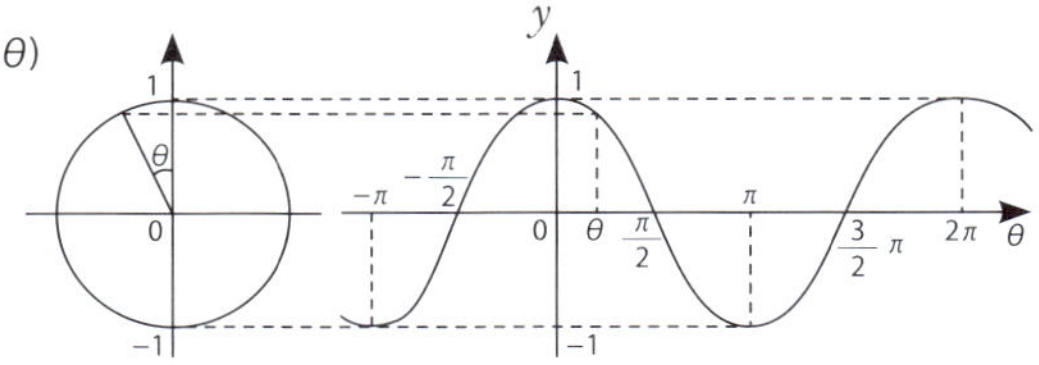

中学の理科や高校の物理の時間に見たオシロスコープは正弦曲線です。音は空気を伝わる波で三角関数で表されます。なんだか複雑な三角関数がきれいな波の曲線グラフになるのを見ると、「数学ってけっこう美しい！」と、つい思ってしまいませんか？

数の不思議、等差数列と等比数列

エジプト文明やメソポタミア文明（バビロニア文明）の時代から、人間は数や図形に関心を抱いてきました。

土地の測量の問題が発生する農耕文化は、図形などの知識が必要でしたが、数学に関心を持つ人々が現れたのはそれだけではないような気がします。夜空を見上げれば月や星が一定の間隔で位置していて、そして季節によって変わります。

自然の風景や時間の変化を見ているうちに、神秘的な美しさに魅了され、数や図形の研究が始まったのではないかと想像すると、なんとなく楽しくなりませんか。そう考えると、私たちが中学や高校で学んだ数学も身近な存在になるかもしれません。

数は美しく不思議な存在であることがよくわかるのが数列です。教科書には、「数列」とは数を1列に並べたもので、数列の各数を項という、とあります。ここでは等差数列と等比数列を取りあげます。

「**等差数列**」とは、初項aから始めて、一定の数dを次々に加えて得られる数列です。となりあった項の差が常に等しくなっていて、dを等差数列の「公差」といいます。

「**等比数列**」とは、初項aから始めて、一定の数rを次々に掛けて得られる数列です。rをその等比数列の「公比」といいます（左のページ参照）。

一般項を見ると無味乾燥な数式にしか見えません。

しかし具体的な数字でそれらの「数の列」を見ると、その整然さに驚く方も多いと思います。気難しさと美しさの両面の落差を楽しむのも、数学の面白さかもしれません。

等差数列と等比数列

①等差数列の一般項は次のように求めます。

数列 $\{a_n\}$ が初項 a、公差 d の等差数列のとき、$a_1 = a$

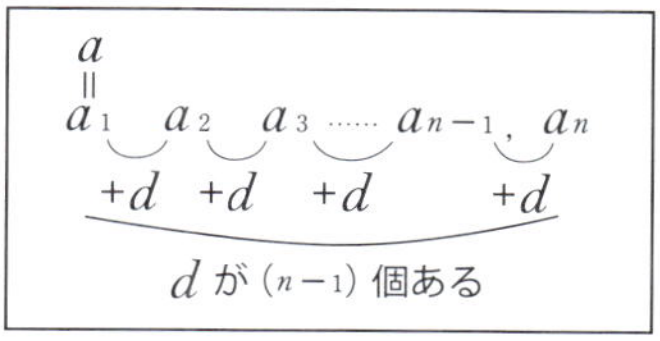

$a_2 = a_1 + d = a + d$

$a_3 = a_2 + d = a + 2d$

$a_4 = a_3 + d = a + 3d$

第ｎ項は

$a_n = a + (n-1)d$

②等差数列の和

等差数列の和を求める公式があります。初項 5、公差 3 の等差数列の初項から第 5 項までの和 S_5 は、$S_5 = 5 + 8 + 11 + 14 + 17 = 55$ となります。初項 a、末項 l、公差 d、項数 n の等差数列の和を S_n とします。

$S_n = a + (a+d) + (a+2d) + \cdots (l-d) + l$ …（ア）

（ア）の右辺の各項を逆に並べます。

$S_n = l + (1-d) + (l-2d) + \cdots (a+d) + a$ …（イ）

（ア）と（イ）を辺ごとに加えます。（　）内の上下を見てください。（　）内の d はすべて消えます。（ア）＋（イ）⇒ $2S_n = n(a+l)$

$S_n = \dfrac{n(a+l)}{2}$ …（ウ）　（ウ）をもとに S_5 を計算すると 55

（ウ）に末項 $l = a + (n-1)d$ を代入　$S_n = \dfrac{1}{2} n\{2a + (n-1)d\}$

③等比数列の一般項は次のように求めます。

数列 $\{a_n\}$ が初項 a、公比 r の等比数列であるとき

$a_1 = a$

$a_2 = a_1 \times r = ar$

$a_3 = a_2 \times r = ar^2$ …第ｎ項は $a_n = ar^{n-1}$ となります。

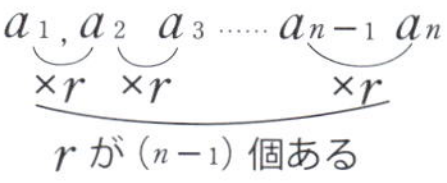

④等比数列の和

初項 a、公比 r、初項から第 n 項までの和を S_n とします。

$S_n = a + ar + ar^2 + ar^3 + \cdots + ar^{n-2} + ar^{n-1}$ …（ア）

（ア）の両辺に r をかけます

$rS_n = ar + ar^2 + ar^3 \cdots + ar^{n-1} + ar^n$ …（イ）

（ア）から（イ）をひいて計算すると次の公式が求められます。

$r \neq 1 \rightarrow S_n = \dfrac{a(1-r^n)}{1-r} = \dfrac{a(r^n-1)}{r-1}$

$r = 1 \rightarrow S_n = na$

微分を知ると世界が広がる

高校で学ぶ微分・積分になると、「極限の世界についていけないよ。計算も複雑だし」といったことを思い出してしまうかもしれません。

でも微分・積分のおかげで円の面積だけでなく、曲線や直線で囲まれた図形の面積も、求めることができます。

では飛行機やロケットといった速さに関した工学や物理学などによく利用されている、微分から始めることにしましょう。

「微分とは何か?」を理解するには、まずある物体の運動のことを考えるとわかりやすいです。ボールが斜面を転がる時間（x）と距離（y）の関係を調べると$y=ax^2$といった式が成り立つことがわかっています。

時間x（秒）と、転がった距離y（m）との間に$y=\frac{1}{2}x^2$の関係が成り立っているとします（左のページ図1を見てください）。

最初の1秒で$\frac{1}{2}$m、2秒で2m、4秒で8mとなっています。

ボールの速さが一定でないことに注視してください。

変化する時間につれて、ある時刻の瞬間のこのボールの速さを求めることができるのです。

$y=f(x)=\frac{1}{2}x^2$のグラフは左の図2のようになります（$x \geqq 0$）。xが1から2まで変化したとします。平均変化率は$1\frac{1}{2}$、これは1秒から2秒の間の平均の速さのことを表しているのです。

左の図2のA点を通る接線T1は1秒後、B点を通るT2は2秒後の時間の速さということになります。

この微分のおかげで特に乗り物系の科学技術が急速に発達したといわれています。

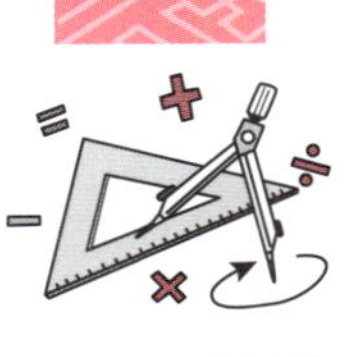

（図1）

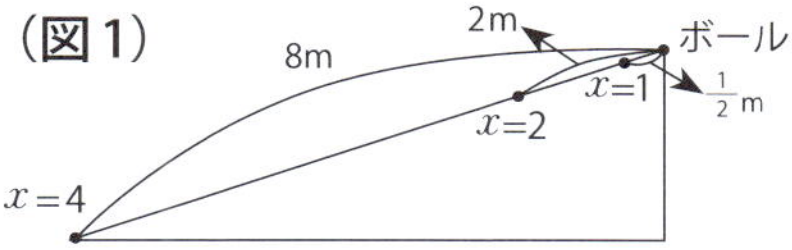

（図2）

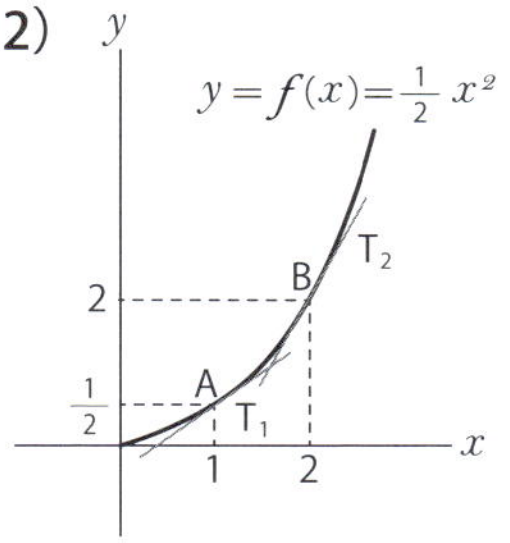

$y=f(x)=\frac{1}{2}x^2$ のグラフは図2のようになります。（$x\geqq 0$）x が1から2まで変化したとします。

$$平均変化率=\frac{f(2)-f(1)}{2-1}=\frac{2-\frac{1}{2}}{2-1}=1\frac{1}{2}$$

$$平均変化率=\frac{(yの増加量)}{(xの増加量)}$$ ですから、

$\frac{(距離の増加量)}{(時間の増加量)}$ と表すこともできます。これは、距離÷時間＝速さの公式により、平均の速さとも考えられますから、1秒から2秒の間の平均の速さのことです。

このことにより点Aに接している接線 T_1 の傾きは、1秒後におけるこの物体Aの瞬間の速さを示していることが予想できます。

x が a から $a+h$ まで変わるときの関数 $y=f(x)$ の平均変化率は $\frac{f(a+h)-f(a)}{h}$ です。この極限値を $f'(a)$ と表し、これを $x=a$ における関数 $f(x)$ の微分係数といいます。図2なら T_1T_2 です。

$f'(x)=x$ ですから $f'(1)=1$ により、この時の瞬間の速さは1m/秒であることがわかります。2秒後は（点Bのところ）$f'(2)=2$ より、この時の瞬間の速さは2m/秒になり、速さが先程の2倍になっていることがわかります。

時間がたつにつれて、Tの傾きは急になってきますが、それは速度が加速されていることを示しています。グラフに表すと、微分の意味が大変わかりやすくなります。

積分って何ですか？

高校の数学に楽しい思い出がない人は、「積分」という文字を見ると、思考が止まってしまうのでは。でも「何か面積と関係ありそう」と直感的にひらめいた人は、積分は意外とわかりやすい高校数学の1つになると思います。

$f(x)=x^2$を微分すると、$f'(x)=2x$となります。関数$f(x)$が与えられたとき微分して$f(x)$になる関数$F'(x)=f(x)$を満たす関数$F(x)$を、関数$f(x)$の「原始関数」といいます。

$f(x)$の任意の原始関数は積分定数Cをつけて、$F(x)+C$と表します。関数$f(x)$の不定積分を求めることを、$f(x)$を積分するといいます。x^2+Cを微分すると$2x$となります。一方$2x$を積分するとx^2+Cになります(図1)。

『広辞苑』で積分をひくと**「関数の表す曲線とx座標軸上の一定区間とで囲まれる面積を、ある極限値として求めること」と出ています。**積分のことをシンプルでわかりやすく文章で説明しています。これをグラフで示すと左のページの図2のようになります。

一般的には積分といったら面積を求める定積分であることに気をつけてください。微分と積分の密接な関係から現代人はまず微分を学び、次に不定積分を最後に定積分を学びます。

しかし微分と積分の歴史を見ると、積分が先なのです。積分はアルキメデス（紀元前3世紀頃）が考えたといわれています。

一方微分は17世紀にニュートンとライプニッツがほぼ同時に発見しました。微分のところで示した物体の速度の研究がきっかけといわれています。その後、微分と積分が互いに逆の操作で求められることがわかったのです。

積分と面積との関係

（図1）

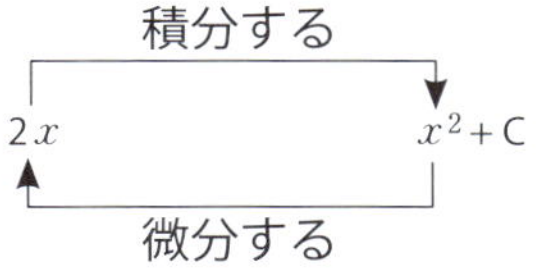

（図2）

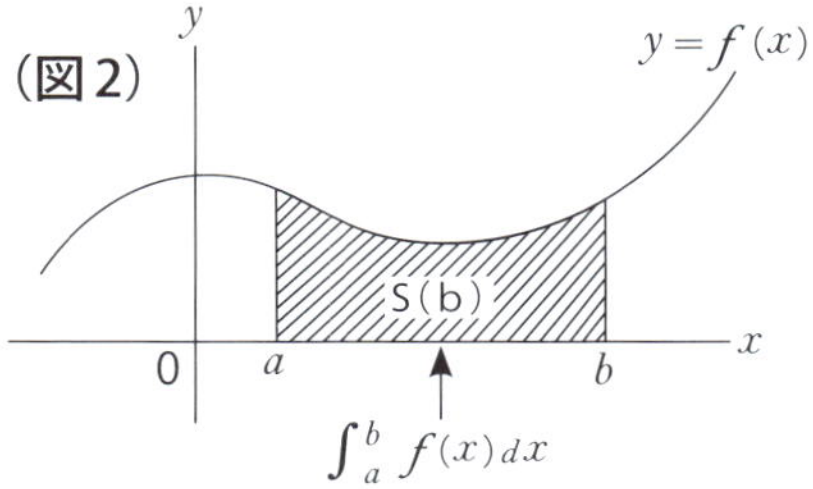

〔曲線と x 座標軸と a と b の一定区間で囲まれる面積S(b)〕

$f(x)=x^2 \rightarrow f(x)=2x$ なので、

$F(x)=2x+C$ となります。

x^n 及び定数倍・和・差の不定積分は次のようになります。

1．n が正の整数または０のとき

$$\int x^n dx=\frac{1}{n+1}x^{n+1}+C$$

2．定数倍（k は定数）

$$\int kf(x)\,dx=k\int f(x)\,dx$$

3．和

$$\int\{f(x)+g(x)\}\,dx=\int f(x)\,dx+\int g(x)\,dx$$

4．差

$$\int\{f(x)-g(x)\}\,dx=\int f(x)\,dx-\int g(x)\,dx$$

＜問題例＞次の不定積分を求めよ

$$\int(6x^2-4x+5)\,dx=6\int x^2dx-4\int x\,dx+5\int dx$$

$$=6\,\frac{1}{3}\,x^3-4\,\frac{1}{2}\,x^2+5x+C$$

$$=2x^3-2x^2+5x+C$$

これらの不定積分を理解した上で、次の節で「積分」の本丸に迫ることになります。

一般に $f(x)$ の原始関数の１つを $F(x)$ とすると

$\int_a^b f(x)\,dx=[F(x)]_a^b=F(b)-F(a)$ となります。

（図２を参照のこと）

定積分と面積の関係を知る

微分と積分の関係を正確に解明したのはニュートンとライプニッツでした。

ニュートンは17世紀前後に活躍したイギリスの物理学者で、万有引力の法則の発見でも知られています。ライプニッツはやはり17世紀前後に活躍したドイツの哲学者として知られています。

ニュートンは物理学から、ライプニッツは哲学から微分・積分に接近していったという歴史的事実は、ICT（情報通信技術：インフォメーションアンドコミュニケーションテクノロジー）の発達した現代社会から考えると、面白い取合せのような気がしてなりません。

微分・積分は物理学・工学さらには経済学を含む社会科学に多大な貢献をしています。自然科学や社会科学の発展の延長線上に現在の文明社会があり、便利なICTに囲まれて生活している私たちがいることになります。

微分・積分を考えるときのキーワードは「極限」ではないかと私は思っています。

高校の数学には自然の流れで「xがaに限りなく近づくときの$f(x)$の極限値をαという」といった表現が出てきます。

目に見えるものや数字は頭に入っていきやすいのですが、観念的、理念的な概念を理解するのは、我々のような普通人にとっては難しく感じることが多々あるのではないでしょうか。

「限りなくαに近づく」と頭の中で理論的には理解しても、「そのαは目に見ることはできるのか」という疑問を持つ方もいるはずです。高校以上の数学は、ここを通過できるかどうかがポイントだと思います。ちなみにライプニッツは神学者でもありました。

定積分と面積との関係

定積分と面積の関係を関数 $f(x)=x+2$（グラフが直線となります）で考えてみることにします。

図1は、x 座標が1から x までの範囲で、関数 $f(x)=x+2$ のグラフと x 軸の間にある台形を表しています。この台形の面積を $S(x)$ とします。

（図1）

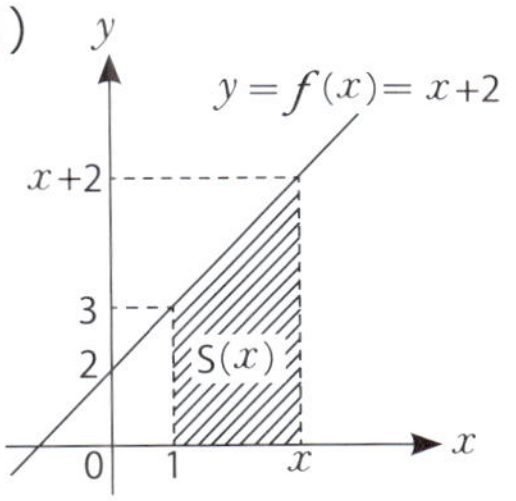

$$S(x)=\frac{1}{2}(x-1)\{3+(x+2)\}$$
$$=\frac{1}{2}(x^2+4x-5)$$
$$=\frac{1}{2}x^2+2x-\frac{5}{2}\quad(x\geqq 1)$$

面積 $S(x)$ を積分すると、$S'(x)=x+2$ これは直接 $y=f(x)=x+2$ という最初の関数です。面積 $S(x)$ は $f(x)$ の原始関数です。この性質を活用して、曲線と x 軸で囲まれた図形の面積を求めます。

では放物線で図形の面積を求めてみましょう。

（図2）

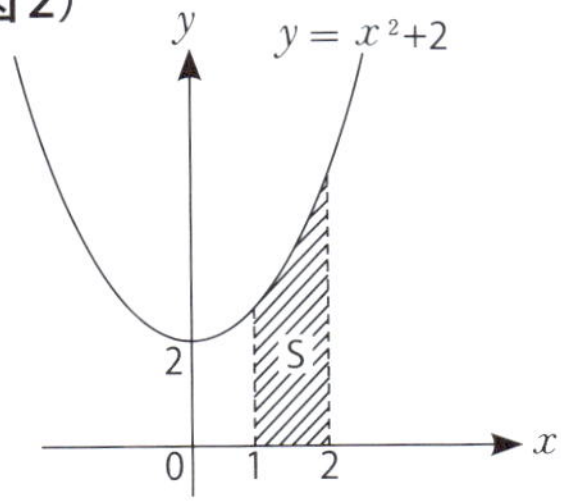

「放物線 $y=x^2+2$ と x 軸及び2直線、$x=1$、$x=2$ で囲まれた図形の面積Sを求めよ」

区間 $1\leqq x\leqq 2$ では $y>0$

$$S=\int_1^2 (x^2+2)\,dx$$
$$=\left[\frac{1}{3}x^3+2x\right]_1^2$$
$$=\left(\frac{8}{3}+4\right)-\left(\frac{1}{3}+2\right)$$
$$=\frac{13}{3}$$

このように、微分や定積分を利用すると、いろいろな図形の面積を正確に求めることができます。中学までは、三角形、四角形、円、それに一部の多角形ぐらいしか面積を求めることはできませんでした。それが、いろいろな曲線の図形の面積を求めることが高校の数学でできるようになるのです。ここでは示しませんでしたが、積分の性質を利用して様々な形をした立体の体積を求めることもできます。興味のある方はぜひ高校の数学にチャレンジしてみてください。

数と式ちょっといい話

黄金比はバランスが整っている美しい数字

歴史的な美術品や建造物を見て、「調和がとれていて美しいな」と感動するときがあります。紀元前に栄えたギリシアの人々もそうでした。パルテノン神殿やその他の建造物にも黄金比が採用されたといわれています。この美しい割合に分けてできた比が「黄金比」です。

辞典などには次のような説明が出ています。

線分AB上に点Pがあり、AB：AP＝AP：PB　AB×PB＝AP² このような関係にある点Pによる線分ABの分割を黄金分割といい、そのときのAP：PBが黄金比となります（図1）。

実は黄金比でできている身近なものが名刺です。タテとヨコが黄金比でできている、タテが2の長方形ABCDがあります。このとき、長方形ABCDと長方形DEFCは相似となっています。タテを2、ADをxとすると次の比例式が成り立ちます（図2）。

$2:x=(x-2):2$ 内項の積＝外項の積より、$x\times(x-2)=4$　$x^2-2x-4=0$

これを解くと、$x=1\pm\sqrt{5}$ また$x>0$なので、$x=1+\sqrt{5}$となります。$\sqrt{5}=2.236$

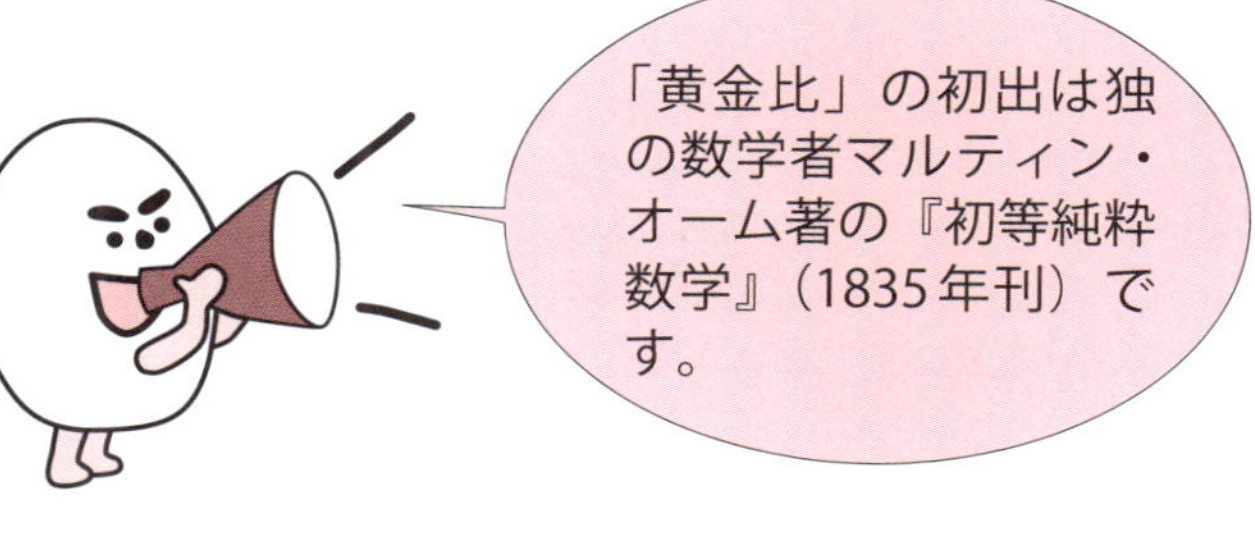
「黄金比」の初出は独の数学者マルティン・オーム著の『初等純粋数学』（1835年刊）です。

とすると、長方形ABCDのたてとよこの比は$2:1+\sqrt{5}=2:(1+2.236)=500:809$およそ$5:8$となることがわかります。

古代ギリシアの人々は、数に対して美しさだけでなく神秘的なものを感じていました。三平方の定理で有名なピタゴラスは「万物は数である」という考えのもとに世界をとらえようとしていた哲学者でもありました。

ミロのビーナスでは、おへそから上と下の部分の長さの比が黄金比に近くなっています。ギリシアのパルテノン神殿（約紀元前440年）は、タテを5とするとヨコはおよそ8となっています。

エジプトのクフ王のピラミッドや日本の唐招提寺金堂も、黄金比に近いことがわかっています。この「黄金比」の建造物や美術品は伝播したというよりも、美しいと思う感覚は万国共通であると考えるのが自然ではないかと、推測したくなりますね。

〈図1〉

〈図2〉

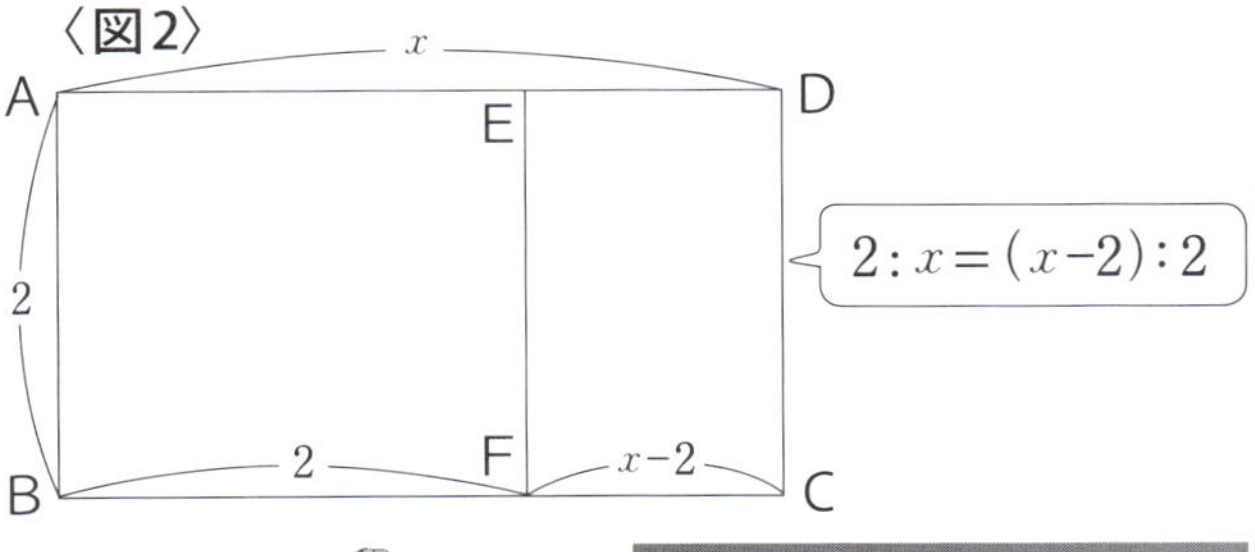

▲パルテノン神殿

▲クフ王のピラミッド

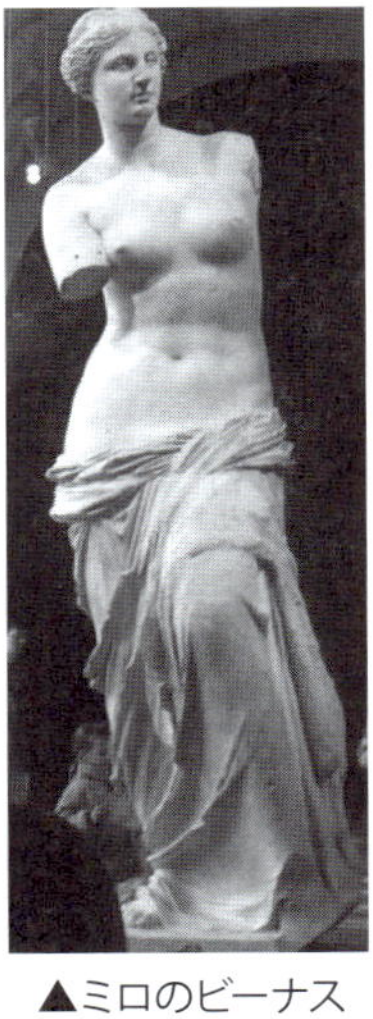

▲ミロのビーナス

中学数学の問題にチャレンジ③

問題

次の図において、O は円の中心です。
次の問いに答えなさい。

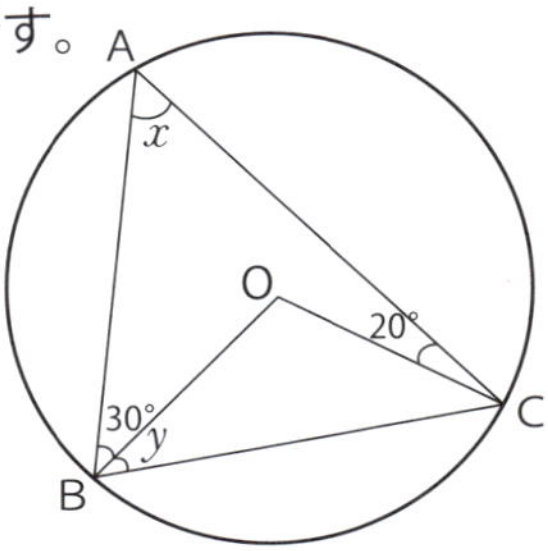

① $\angle x$ は何度ですか。
② $\angle y$ は何度ですか。

解法

①∠BOC＝2∠BAC（中心角は円周角の2倍）となりますから、∠BOC＝2x となります。
BOを延長しACと交わる点をDとします。

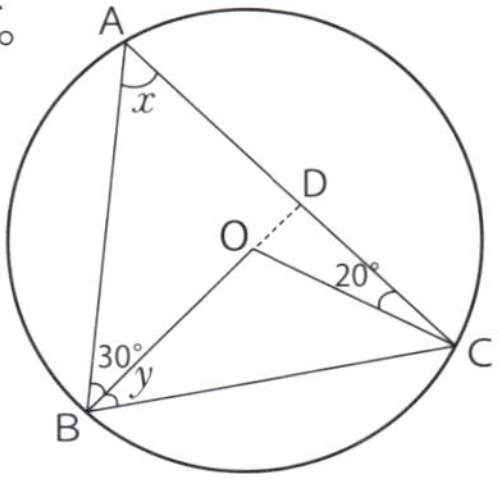

∠DOC=180−2x
∠ODC=30+x
（∠ODCは△ABDの外角）
△OCDで考えると
次のようになります。

∠DOC+∠ODC+∠DCO＝180－2x＋30＋x＋20により、180－2x＋30＋x＋20＝180という方程式ができます（三角形の内角の和は180°）。これを解くと、x＝50°となります。

② ∠BAC＝50° なので、∠BOC＝100° となります。また、三角形OBCは2等辺三角形ですから、∠OBC＝∠OCBです。これにより、y ＋y ＋100＝180となり、2y＝80、y＝40°となります。

答え　①50°　②40°

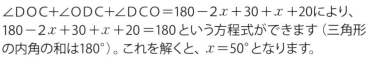

中学数学の問題にチャレンジ④

問題

1次関数 $y=2x+3$ について次の各問いに答えなさい。

① $x=1$ に対応する y の値を求めなさい。

② x の値が5増加したときの y の増加量を求めなさい。

③ x 軸と交わる点Bの座標を求めなさい。

④ △ABOの面積を求めなさい。ただし1目もりを1cmとします。

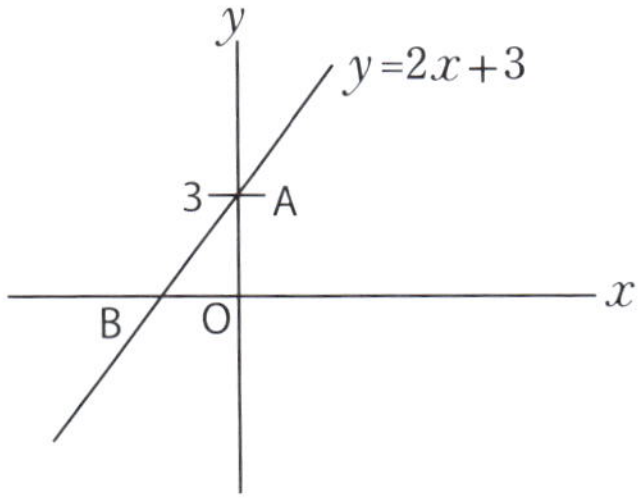

解法

① $y=2x+3$ に $x=1$ を代入すると、$y=2+3=5$ となります。

② $\dfrac{y\text{の増加量}}{x\text{の増加量}}$ ＝変化の割合（傾き）＝2ですから、$x=5$ を代入すると、$y=10$ となります。

③ x 軸は y 座標がいくつになるか考えてください。Bの y 座標は0ですから、これを $y=2x+3$ に代入します。

$0=2x+3$、$2x=-3$　$x=-\dfrac{3}{2}$ により、

Bの座標は $\left(-\dfrac{3}{2}, 0\right)$ となります。

④ $BO=\dfrac{3}{2}$　$AO=3$（Aの座標は $(0, 3)$ です）

△ABOの面積 $=\dfrac{3}{2}\times 3\times\dfrac{1}{2}=\dfrac{9}{4}$ となります。

答え　① 5　② 10　③ B$\left(-\dfrac{3}{2}, 0\right)$　④ $\dfrac{9}{4}$ cm^2

Column ＜4＞

グローバルな社会で数学が注目されている！

教育界や経済界では「論理的思考」と「メタ認知（自分の思考を対象化し、モニターとして調整する能力）」という言葉をよく耳にするようになりました。それは経済や文化の交流、そして人の移動が活発になり、グローバル化した社会へと進んでいるからです。

数学は論理的思考とメタ認知の発達を促すことがわかってきました。つまり文系、理系を問わず重要視されてきたのが数学なのです。数学の公式や定理を導き出すには、論理的思考法を活用しています。数字や数式を活用して理屈で考えているからです。

数学には問題を解いた後、数や数式や、線分図や図形がはっきり残っているという特徴があります。そのため、問題の途中の考え方や間違いを検証しやすい教科なのです。数学は解いた道筋を確認できるので、間違いを修正することによってメタ認知の発達を促すことになります。

他の人に数学の問題などを教える時も、メタ認知が必要とされてきます。このように考えてくると、数学による論理的思考とメタ認知の発達は、グローバルな社会に対応できるコミュニケーション力の向上にも役立っています。数学と国語が関連していたとは驚きですね。数学と国語とのコラボが必要な時代になってきました。

第4章

日常生活と数式

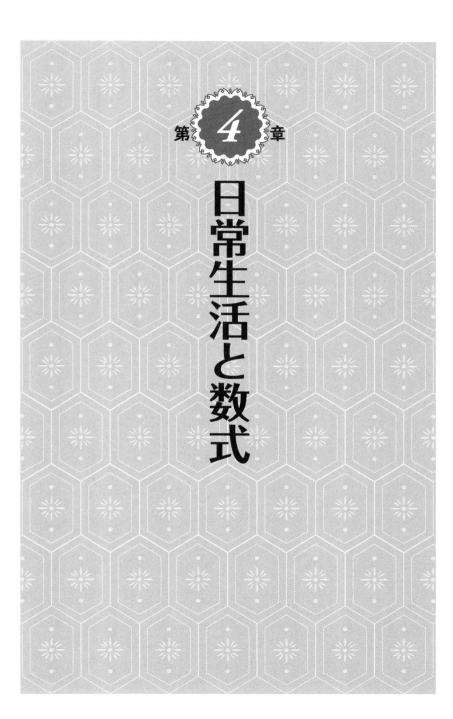

「徒歩○分」とよく使われるその基本となる値

徒歩○分＝距離(m)÷80(m)(切り上げ)

駅から徒歩5分などと、よく不動産のチラシなどを見ると書かれています。

この何分という時間ですが、実際には何を根拠にした時間なのか考えたことがありますか。

それにはしっかりとした理由があるのです。それは**不動産に関する「公正競争規約施行規則」で定められているのです。徒歩による所用時間で道路距離80mにつき1分間を要するものとして算出した数字なのです。**1分未満の数値はすべて切り上げて表示します。たとえ、徒歩30秒で到着できるような近い箇所でも徒歩1分となります。

駅から徒歩5分と表示されている物件は、３２１ｍ〜４００ｍ離れている計算となります。しかしこれは地図上の直線距離を示すものではありません。実際に存在し、通行が可能な道路を歩いた所用時間となるのです。

マンションなどのような同じ敷地内に集合住宅がある場合は、それぞれの部屋までの距離ではなく、そのマンションの所有する敷地の一番近い駅からの地点を基準とします。

極端なことをいえば、大きな敷地面積を所有するマンションでは、徒歩所要時間が数分変わってしまうことにもなるのです。

坂道や階段などは通常の速さより時間がかかりますが、考慮しないことになっています。

ちなみに「分速80m」という基準は、健康な女性が「ハイヒールを履いて歩いたとき」の実測平均分速ともいわれています。

西駅から家までの距離の測り方

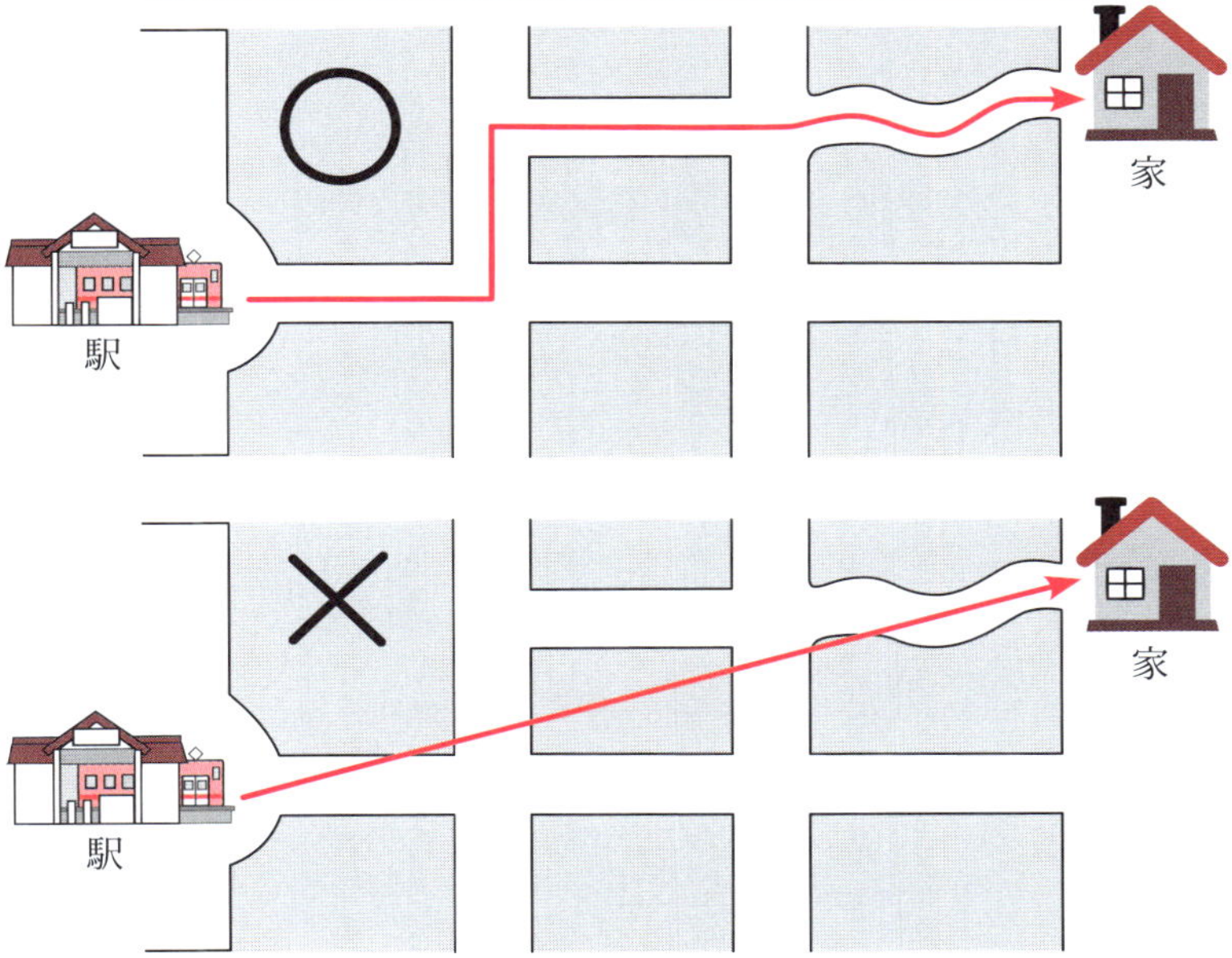

駅から家までの距離は地図上の直線距離ではなく
実際に歩いた道のりの合計の数値を指します！

不動産のチラシなどで見かける「距離で徒歩○分」と書かれていたら、1分を80ｍと考えて計算すると大体の距離がわかります

ひとくちメモ

徒歩にかかる所要時間は住宅地図などで距離を測ります。信号待ちが多かったり、坂や歩道橋があったりするケースもあるので、実際にかかる所要時間との誤差が生じるケースもあります。

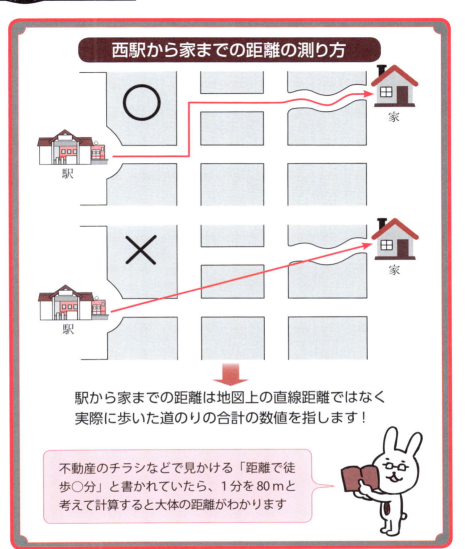

来年の○月△日の曜日を計算する式

今年の曜日＋1日＝来年の曜日

来年の○月△日が何曜日になるか簡単に調べる方法はないものでしょうか。１年が３６５日という点に注目すれば、簡単に翌年の同じ日付の曜日を調べることが可能になります。１週間は７日間です。**つまり７日がひとつの周期になってそれが繰り返されているのです**。３６５を７で割ると、３６５÷７＝52、余り１です。１日分だけ次にズレていく計算となります。

２０１８年４月22日は日曜日なので、２０１９年の４月22日は日曜日からひとつずれた月曜日ということになります。ここでひとつ、うるう年が何年なのかを覚えておく必要があります。

４年に１回うるう年がやってきます。２０２０年、２０２４年、…がうるう年となります。これって夏季のオリンピックが開催される予定の年でもありますね。

うるう年は１年が３６５日ではなく３６６日ですので、３６６÷７＝52、余り２となり、うるう年の曜日は２つずれることになります（３月１日以降）。２０１９年の４月22日は月曜日です。とすると、翌年、２０２０年の４月22日は２つずれるので、水曜日という計算になります。

ちなみに、同じ年の４月４日、６月６日、８月８日、10月10月、12月12日は同じ曜日になります。２０１８年の４月４日は水曜日です。６月６日も水曜日、８月８日も水曜日、10月10日、12月12月も水曜日になります。これも「÷７」の計算で求めることができます。チャレンジしてみてください。

2018年
12月24日
（月曜日）

12

Mon	Tue	Wed	Thu	Fri	Sat	Sun
					1	2
3	4	5	6	7	8	9
10	11	12	13	14	15	16
17	18	19	20	21	22	23
24/31	25	26	27	28	29	30

2019年
12月24日
（？曜日）

月曜日だと翌年は火曜日になる

［ 1年 365日 ÷ 1週間 7日 ＝ 52週 **余り1日** ］

余りが1日ということは1日だけ次の曜日にずれます

うるう年

2020年　2024年　2028年
2032年　2036年　2040年
2044年　2048年　2052年

うるう年は366日なので366 ÷ 7 = 52
余り2日となります。つまり2日だけ
翌年の曜日はずれることになります！

ひとくちメモ

「来年」と「翌年」とは意味が似ていますが、厳密にいうと少々違いがあります。「来年」は今年の次の年の意味であり、「翌年」はある年の次の年という意味です。

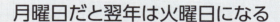

西暦から干支を簡単に調べる方法

西暦÷12で出た余りに9を加える

西暦からその年の干支《えと》が何年かを調べる方法はないでしょうか。**それは西暦を12で割り、その余りに9を加えた数値から調べることができます。**

十二支とは、子（ねずみ）・丑（うし）・寅（とら）・卯（うさぎ）・辰（たつ）・巳（へび）・午（うま）・未（ひつじ）・申（さる）・酉（とり）・戌（いぬ）・亥（いのしし）です。

この順番がポイントとなります。

どうして最後に9を加えるのでしょうか。それは紀元前1年（紀元0年のこと）は、十二支を遡って計算すると申（さる）に該当し、申年が9番目にあたるからです。

計算して出た数値に9を足した数が、12を超えていた場合はその数値から12を引きます。5でしたら辰年となります。

すなわち、1＝子（ねずみ）、2＝丑（うし）、3＝寅（とら）、4＝卯（うさぎ）、5＝辰（たつ）、6＝巳（へび）、7＝午（うま）、8＝未（ひつじ）、9＝申（さる）、10＝酉（とり）、11＝戌（いぬ）、12＝亥（いのしし）です。

２０１８年を例にとって調べてみましょう。２０１８÷12＝１６８、余り2です。

2に9を加えると11。

11番目の干支は戌です。

しっかりと戌年であることが計算から求められました。

ちょっとした数の性質との関係を知っていれば、西暦からその年の干支が何であったか調べることができるのです。

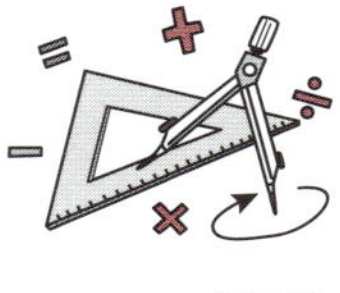

十二支

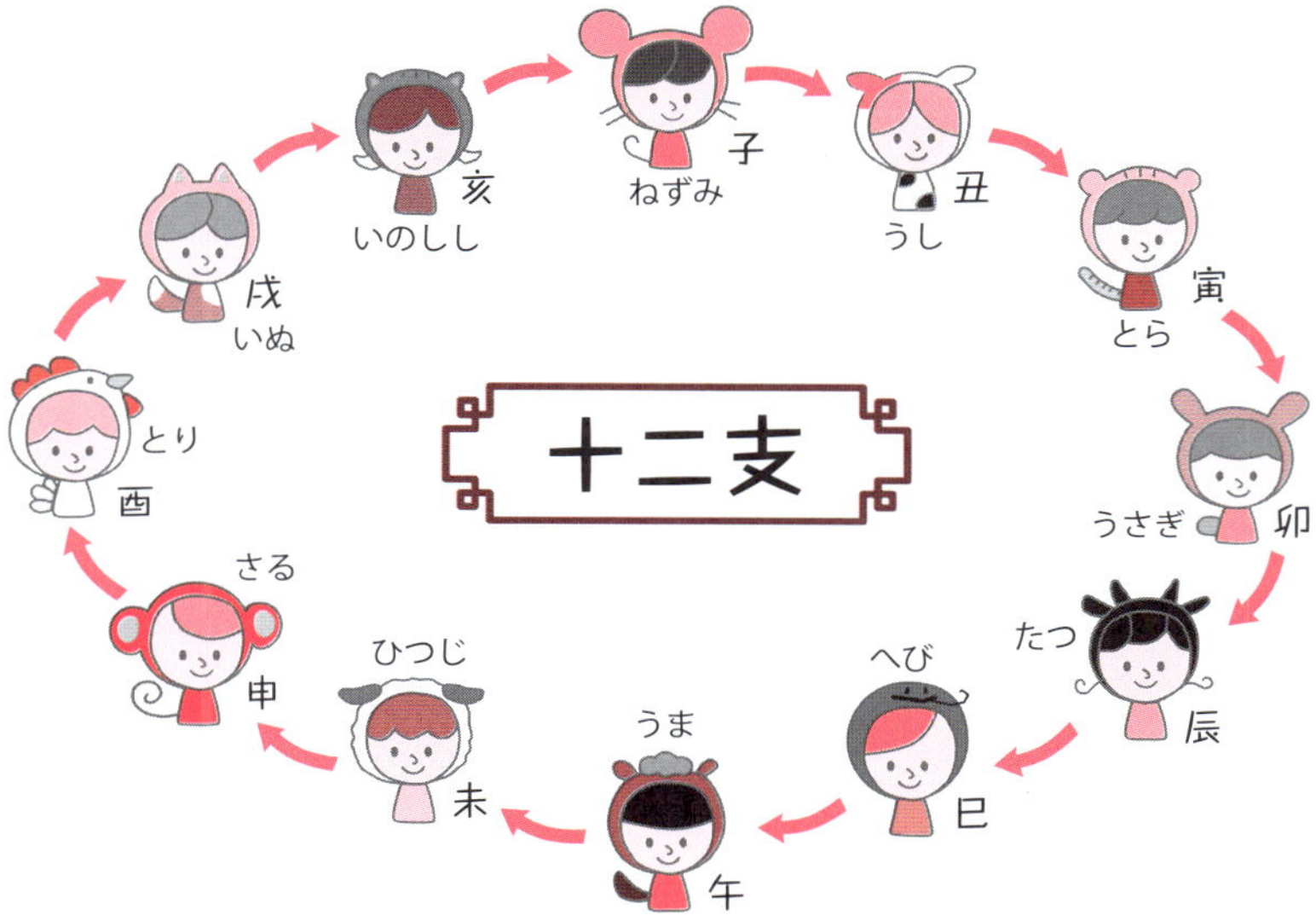

西暦からその年の十二支を調べる

西暦÷12の余りに9を加える

子	丑	寅	卯	辰	巳	午	未	申	酉	戌	亥
1	2	3	4	5	6	7	8	9	10	11	12

※12を超えたら12を引いた数字が該当の干支です

ひとくちメモ

十二支に割り当てられている、子＝ねずみ、丑＝うし…がどうして決められたのかその理由は未だに解明されていません。亥に当てられる動物が中国ではブタ、日本ではイノシシと異なっています。

現在の湿度はどれくらいなのかを調べる式

湿度(%)=現在の水蒸気量÷飽和水蒸気量×100

　湿度には大きくわけて「絶対湿度」と「相対湿度」というものがあります。「絶対湿度」とは、空気1㎥に含まれる水蒸気の質量のことで、グラム単位で示されます。「相対湿度」とは、空気中の水蒸気量とそのときの気温における飽和水蒸気量との関係で%で示されます。

　気象予報などで一般的に使用されているのは、「相対湿度」です。この湿度を求める式は中学の理科で習います。**「湿度(%)=現在の水蒸気量÷現在の気温の飽和水蒸気量×100」という式で求めることができます。**

　飽和水蒸気量とは、空気1㎥に含まれることができる最大の水蒸気量のことをいいます。飽和水蒸気量は気温が高くなるほど大きくなります。気温と飽和水蒸気量の関係は、気温15度のときには12・8g、20度のときには17・2g、30度のときには30・3gとなっています。

　湿度100%とはどんな状態のことをいうのでしょうか? 湿度100%は水の中であると考えている人がいるかと思いますが、**空気中の水蒸気量との割合を示したものが湿度です。** 水中には空気は存在しないので、湿度100%=水中という関係は成り立ちません(「エネチェンジ」というサイト参照)。湿度100%とは、そのときの気温で空気中に含むことができる水分量が100%になったときなのです。

　湿度をもとに、次に紹介する不快指数が考え出されました。

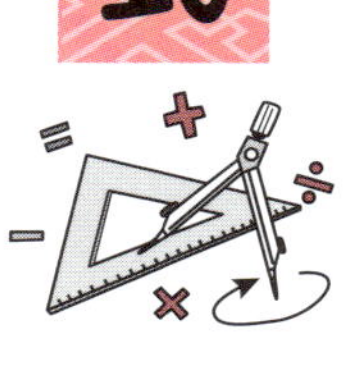

主な気温における飽和水蒸気量 g/m³

気温（℃）	飽和水蒸気量(g/m³)	気温（℃）	飽和水蒸気量(g/m³)
−50	0.0381	10	9.39
−40	0.119	15	12.8
−30	0.338	20	17.2
−20	0.882	25	23.0
−10	2.14	30	30.3
−5	3.24	35	39.6
0	4.85	40	51.1
5	6.79	50	82.8

相対湿度 ＝ 湿度 ＝ 絶対湿度

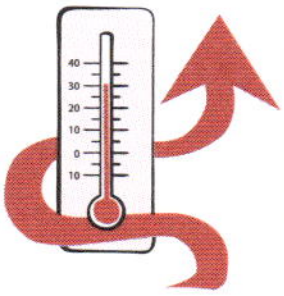

相対湿度：水蒸気量と気温における飽和水蒸気量との関係で示す

%で表示

絶対湿度：空気1m³に含まれる水蒸気の質量の大きさを示す

gで表示

一般的に湿度とは相対湿度のことを示す

気温が高くてもそれほど暑く感じないのは湿度が低いからです。気温が高い＝暑さではなく湿度が体感には関係してきます

ひとくちメモ

気象庁では日本の気象観測上、1日のうち最も低かった湿度の値を最小湿度として記録し統計をとっています。最低値は1971年1月19日に、鹿児島県屋久島で記録された湿度0％です。

不快指数を調べる式

$$0.81\times\text{気温}+\text{湿度}(\%)\times(0.99\times\text{気温}-14.3)+46.3$$

不快指数とは、夏の蒸し暑さを数値で示したひとつの指標のことです。アメリカ合衆国気象局で最初に採用されたといわれています。不快指数を求めるためには「0・81×気温＋湿度(%)×(0・99×気温－14・3)＋46・3」という式から求めることができます。

例えば、気温27度、湿度55％のケースでしたら、

$$0.81\times27+0.55\times(0.99\times27-14.3)+46.3$$

となり、不快指数は75となります。この75という数値は何を表しているのでしょうか。ひとつの考え方として、不快指数が75を超えると人口の一割が不快になり、80を超えると全員が不快になるといわれています。

また、日本人の場合、不快指数が77になると不快に感じる人が出はじめ、85になると93％の人が暑さによる不快を感じるようになるというデータがあります。

体に感じる蒸し暑さは気温と湿度に加え風速等の条件によっても異なるため、不快指数が必ずしも体感とは一致しないこともあります。

不快指数と、多くの人が感じる体感との関係を左ページに掲げてみました。この表によると、不快指数75は、「暑くない」「やや暑い」の境目であることがわかります。

天気予報などのニュースでよく耳にする不快指数は、このようにして求められているのです。

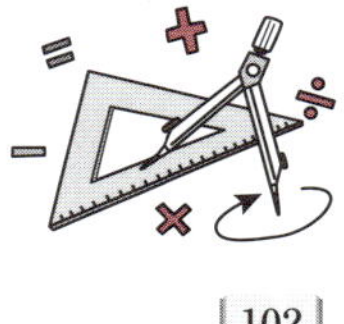

不快指数

不快指数は夏の蒸し暑さを数値で表したものです

気温が高くなると不快指数は高くなる傾向にあります

不快指数が75を超えると人口の1割が不快に感じる

不快指数と体感

不快指数	体　感	不快指数	体　感
～55	寒い	70～75	暑くない
55～60	肌寒い	75～80	やや暑い
60～65	何も感じない	80～85	暑くて汗が出る
65～70	快い	85～	暑くてたまらない

不快指数は風などの影響もあるので不快指数の数値がそのまま体感にならないこともあります

ひとくちメモ

気温が高くなればなるほど不快指数が高くなる傾向にありますが、同じ気温でも身体に感じる感覚は湿度と大きな関係があります。ハワイなど気温が高くても蒸し暑く感じないのはそのためです。

偏差値っていったいどんな数字なの？

$$偏差値＝\frac{得点－平均点}{標準偏差}\times 10＋50$$

偏差値とは、ある集団の中での位置を示す数値のことです。

平均点をとった人の偏差値を50として、得点が平均点より上の場合偏差値は51、52…と高くなり、平均点以下ならば49、48…と低くなります。

偏差値はそのテストの平均点を50として表すのでテストの結果、「平均点」が60点、「標準偏差」が15点だったとします。標準偏差とはひとり一人の得点と平均点との差（＝偏差）を平均したものなので、全体の得点の差が大きいほど大きくなり、得点がかたまっているほど小さくなるのです。

偏差値はテストの点数ではなく、集団の中での位置＝順位を表すものですから、たとえば１００点満点のテストで85点をとっても偏差値で見ると48であったり、テストで45点しかとれなかったのに偏差値でみると58ということもあります。

偏差値は以下の方法で計算できます。

$$偏差値＝\frac{得点－平均点}{標準偏差}\times 10＋50$$

大学や高校を選ぶ際に、志望校を決定しても偏差値が届かずに、学校や塾の先生に志望校の変更を促されたりしたという苦い経験をしている人も多いことでしょう。

偏差値は全体の中でどこにいるかを示す、相対評価のひとつといえます。日本の受験は競争入試ですから、偏差値が重宝されているのが現実です。

偏差値の出し方

$$偏差値=\frac{得点-平均点}{標準偏差}\times10+50$$

●標準偏差とは

データのばらつきの大きさを示すものとして、データの値と平均値との差（偏差）を2乗して平均する。これを変数と同じ単位で示すために平方根をとった標準偏差が最もよく用いられている。標準偏差は通常Σ（シグマ）で表示される。

$$S=\sqrt{\frac{1}{n}\sum_{i=1}^{n}(xi-\overline{x})^2}$$

S ⇨標準偏差　xi ⇨データ値
n ⇨総数　$\overline{x}$ ⇨平均

●平均点が55点のテストで標準偏差が15点の場合

A君　70点 $\frac{70-55}{15}\times10+50=60$

B君　40点 $\frac{40-55}{15}\times10+50=40$

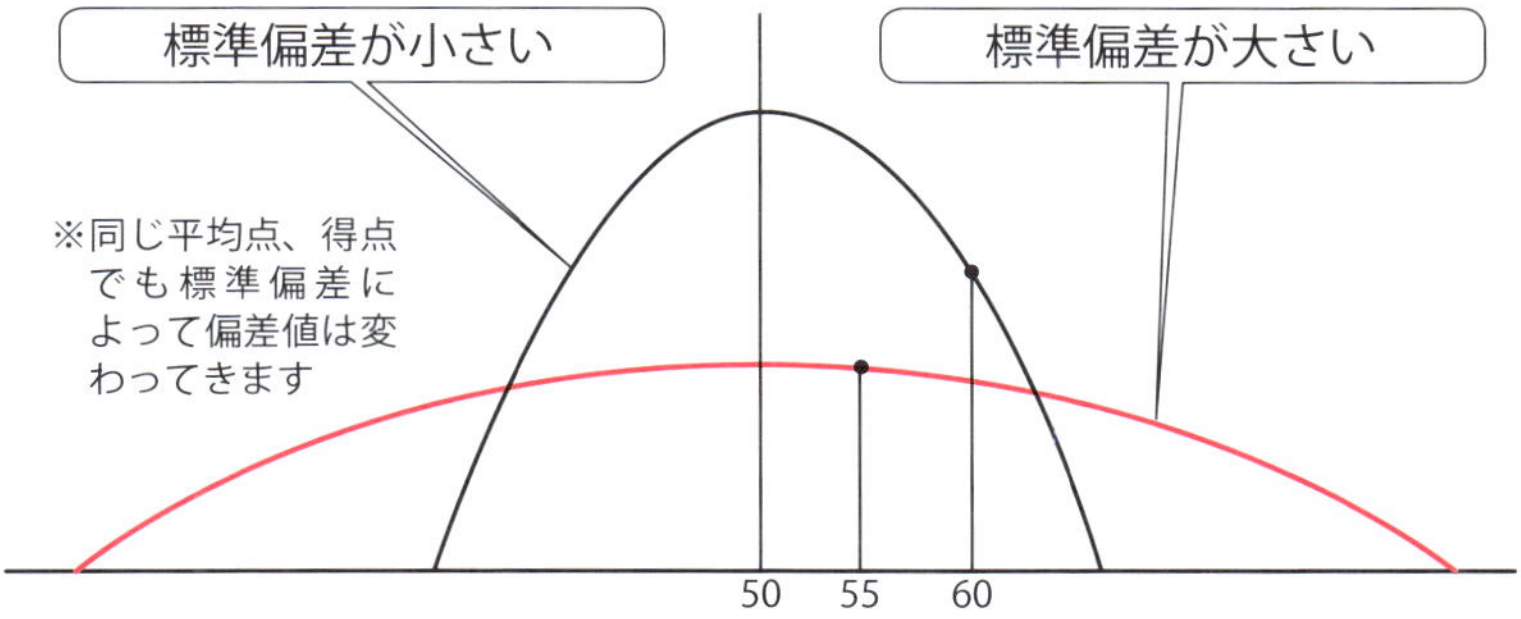

※同じ平均点、得点でも標準偏差によって偏差値は変わってきます

ひとくちメモ

偏差値は合否の予想を立てる判断材料ですが、偏差値の高いほうの学校に合格したけれど、低いほうの学校が不合格になったというケースもあります。ひとつの目安で絶対的な数字ではありません。

東京ドームを基本にして大きさを調べる

「面積＝4万6755m^2」「体積＝124万m^3」

東京ドームは、日本では誰でも知っている有名かつ大規模な建造物です。そのため色々なものを比較するために、「東京ドーム○個分」といった具合に、東京ドームを基本とするケースがよくあります。

その元となっている数値はなんでしょうか。それは東京ドームの面積や体積をひとつの基準にしているのです。

公式発表では、東京ドームの面積は４万６７５５㎡、体積は１２４万㎥となっています。この「面積＝４万６７５５㎡」「体積＝１２４万㎥」を基準値１と考えて、計算されているのです。

東京ドームが完成する以前は、後楽園球場の広さで換算した時代がありました。

同様に体積の換算単位としては、霞が関ビルや丸ノ内ビルヂングなどが用いられた時代もありました。

各地方では基準となる建造物は異なり、北海道では札幌ドーム、名古屋ではナゴヤドーム、大阪では阪神甲子園球場、九州では福岡ドームなどが用いられることもあります。

面積や体積以外では、高さを比較することもあります。

東京タワーやスカイツリー、富士山、通天閣などがそれに当たるでしょう。このように誰もが知っているものを基準として比較することにより、どれほどの大きさなのか（いくつ分なのか）イメージしやすくなります。

基準にするものを「１」としているので割合の応用と考えることができます。

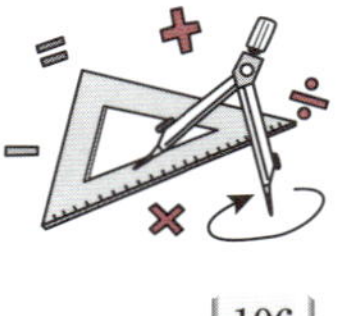

東京ドーム

（大きさ（体積）を比較するときに使われます）

（広さ（面積）を比較するときに使われます）

東京ドームの体積	東京ドームの面積
124万m^3	4万6755m^2 （外周も含む）

（この数値が基準（1と考える）となって対象となるものに対して○個分であると表します）

数字だけではどれくらいの大きさなのか想像できません。有名なものと比較すると大きさを想像することができます。

ひとくちメモ

日本の国土に東京ドームを並べるとどれくらい入るでしょうか。日本の国土は約37万8千km^2ですので、4万6755m^2で割ると約808万個も入る計算です。日本の国土って結構広いですね。

エンゲル係数を調べる式

飲食にかかった費用÷全家計の支出額×100

エンゲル係数とは、1世帯ごとの家計の消費支出に対して、飲食にかかる費用がどの程度の割合なのかを示す数値のことです。1857年、ドイツの統計学者であるエルンスト・エンゲルが初めて論文で発表したことから、エンゲル係数と呼ぶようになりました。

エンゲル係数は、「エンゲル係数（%）＝飲食にかかった費用÷全家計の支出額×100」で求めることができます。

食費（食糧・飲みものなど）は生きていくためには絶対に必要なものです。それは人間が生存していくための最低限必要な費用です。その割合がエンゲル係数です。全家計に対して飲食代がかかる割合が多い世帯ほど、生活水準が低いと以前はいわれていました。

経済が成長してくると、それに伴って生活水準も向上する傾向にあります。そのためエンゲル係数は、低下傾向にあると考えるのが一般的とされていました。

エンゲル係数の高低は生活水準を表す指標となっていますが、1世帯あたりの人数や人口に占める生産年齢の割合、年間所得のフローと土地、金融資産といったストックの関係などから、不適当な場合もあります。年間のフロー（賃金など）が少なくても、ストックが多い家庭では、レストランなどで外食する機会が増え、エンゲル係数が高くなることもあるからです。2016年の家計調査によりますと、平均所帯のエンゲル係数は25・8%となっています。

エンゲル係数

食費にかかった金額 ÷ 総支出額 × 100

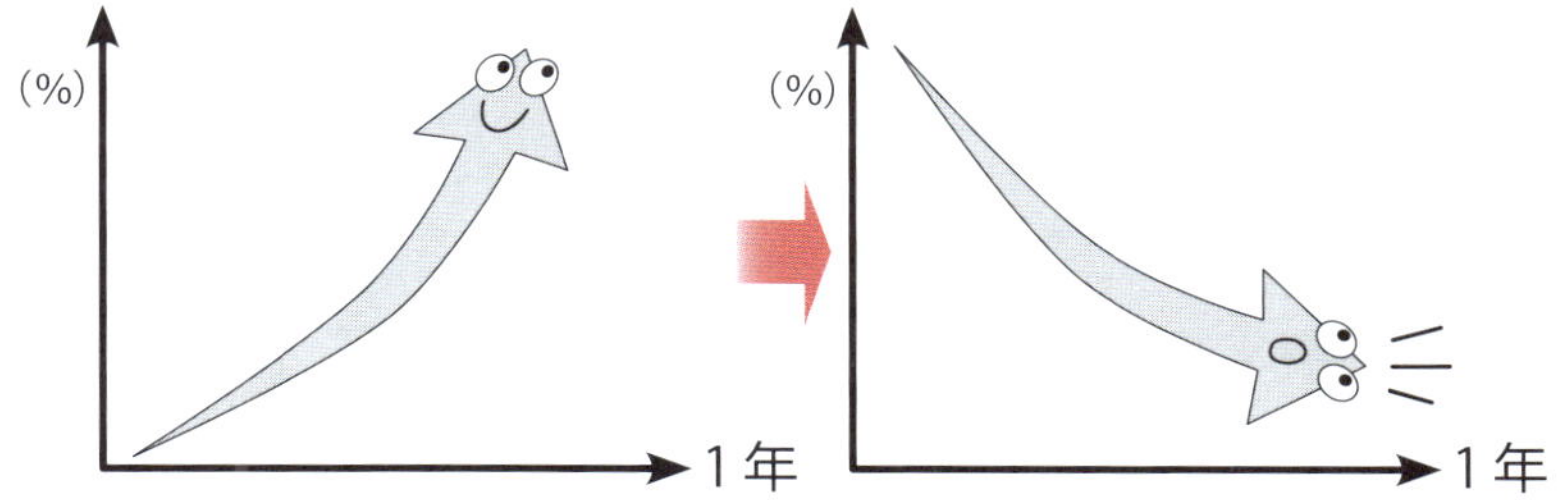

経済が成長する → **エンゲル係数が下降傾向**

世帯別にみたエンゲル係数

（2017年）

総世帯 → 25.5%

2人以上 → 25.7%

単身世帯 → 24.5%

(出典：家計調査結果　総務省)

最近のエンゲル係数は総支出に対して約25%程度で推移しています

ひとくちメモ

エンゲル係数は総世帯で1963年には約40%でしたが、その後、日本の経済成長とともに下がり続け、2005年には22.7%までになりました。しかしその後は徐々に上昇傾向になっています。

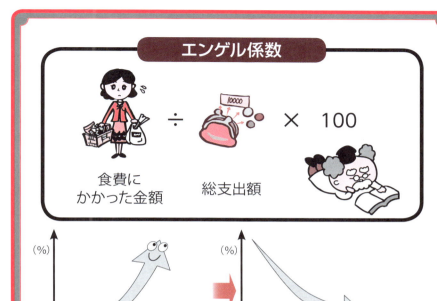

光&音の速さを使って色々なものを調べる

「光の秒速＝約30万km」「音の秒速＝約340m」

真空上の光の速さとは、すなわち光速度は299792458m/sと定義されています。つまり1秒間に約30万km進む計算です。

太陽から地球までの距離は1億4960万kmですから約8分20秒、月から地球までの距離は38万4400kmですので1秒ちょっとしかかからない計算です。

地球の周りは赤道1周で約4万77kmですから、1秒間に地球を約7周半近くまわる計算になります。光は宇宙において一番速度の速いものとされ、物理学においては時間と空間の基準となる特別な意味をもつ値でもあります。光速度を表す記号は一般的にcで表されます。

さて音の速さはどうでしょうか。音の速さの単位は「マッハ」で示されます。音は気温や気圧に影響されるので、その状態で多少の変動はありますが、時速1225kmと便宜上使われることが多いです。秒速に換算すると約340mです。

現在運用されている旅客機は、時速800kmから900kmを出すことが可能です。フランスとイギリスが共同開発した超高速機コンコルドは、マッハ2を出すともいわれていました。マッハ1が時速1225kmですから、なんと時速2450kmということになります。

なお、30万km÷0.34km＝882353により光速度は音速の約88万倍の速さであることがわかります。

雷が光った後に音が伝わってくるのは、このような光と音の速さの違いがあるからなのです。

光の速さ

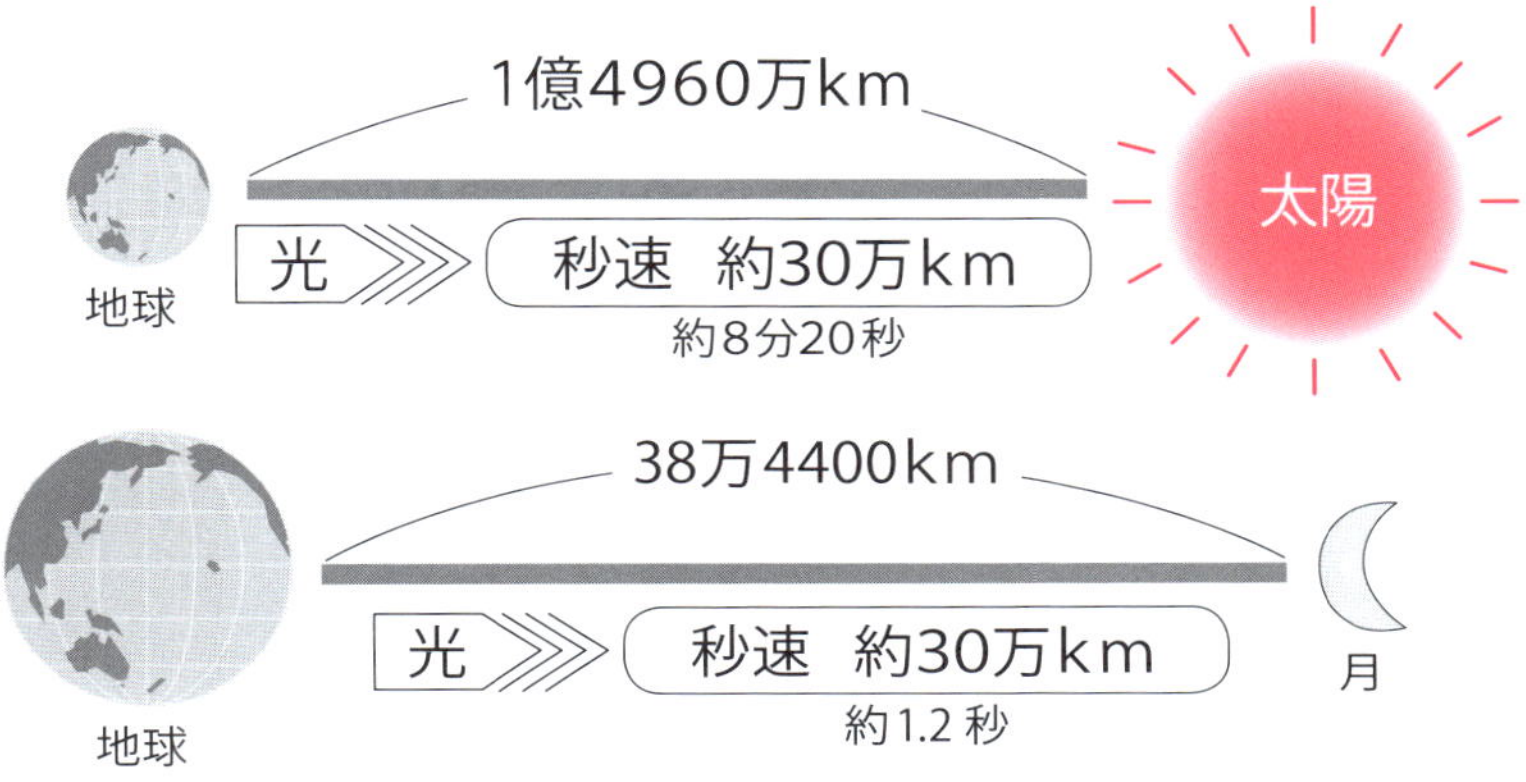

音の速さ

光の速さは音の速さの約88万倍！

光の速度を初めて測定したのは、1676年9月、デンマークの数学者であり天文学者であったオーレ・クリステンセン・レーマーです。

ひとくちメモ

光と音の速さの関係から、雷が落ちた地点が自分のいる場所からどれくらい離れているかおおよその距離を計算することができます。雷が光ってから音が聞こえるまでの秒数×340mで計算できます。

マグニチュードと震度にはどんな関係があるの？

マグニチュードが１増えると地震エネルギーは約32倍

マグニチュードとは、地震が発するエネルギーの大きさを対数で表した数値のことです。揺れの大きさを表す震度とは異なります。考案したのはアメリカの地震学者、チャールズ・リヒターです。

マグニチュードと震度とは異なるものです。震度とは地震が発生したときの、揺れの大きさを示した数値であり、エネルギーの大きさであるマグニチュードとは違うのです。ですから、同じマグニチュードでも、○○市は震度5、△△市は震度4というように、地域によって震度が変わるのはそのためなのです。震度は各地の震度計の計測値に基づいて決められています。

マグニチュードはその値が1増すごとに、その地震のエネルギーは約32倍大きなものになると計算されています。２増すと32×32ですから、約１０２４倍の大きなエネルギーということになるのです。

マグニチュード8はマグニチュード7の約32倍のエネルギー、マグニチュード７・２はマグニチュード7の約２倍のエネルギーとなります。

震源地が近いほうが震度も大きくなり、震源地から離れるほど震度は小さくなります。気象庁が定義している震度の階級は10段階に分類されています。

ほぼ揺れを感じない震度0から震度1、2、3、4、5弱、5強、6弱、6強、7の10震度階級です。２０１１年3月11日の東日本大震災では、マグニチュード９・０でした。また宮城県では震度7が観測されました。

震度別屋内での感じ方

震度0	地震計は関知するが、人は揺れを感じない
震度1	地震や揺れに敏感もしくは過敏な限られた一部の人が、地震に気付く。めまいと錯覚する。
震度2	多くの人が地震であることに気付き、睡眠中の人の一部は目を覚ます。天井から吊り下げた電灯の吊り紐が左右数cm程度の振幅巾で揺れる。
震度3	ほとんどの人が揺れを感じる。揺れの時間が長く続くと不安や恐怖を感じる人が出る。重ねた陶磁器等の食器が音を立てる。
震度4	ほとんどの人が恐怖を感じ、身の安全を図ろうとし始める。机などの下に潜る人が現れる。睡眠中の人のほとんどが目を覚ます。吊り下げた物は大きく揺れる。近接した食器同士がずれて音を立てる。重心の高い置物等が倒れることがある。
震度5弱	ほとんどの人が恐怖を感じ、身の安全を図ろうとする。歩行に支障が出始める。天井から吊るした電灯本体をはじめ、吊り下げられた物の多くが大きく揺れ、家具は音を立て始める。重心の高い書籍が本棚から落下する。
震度5強	恐怖を感じ、たいていの人が行動を中断する。食器棚などの棚の中にあるものが落ちてくる。テレビもテレビ台から落ちることもある。一部の戸が外れたり、開閉できなくなる。室内で降って来た物に当たったり、転んだりなどで負傷者が出る場合がある。
震度6弱	立っていることが困難になる。固定していない重い家具の多くが動いたり転倒する。 開かなくなるドアが多い。
震度6強	立っていることができず、はわないと動くことができない。
震度7	落下物や揺れに翻弄され、自由意思で行動できない。ほとんどの家具が揺れにあわせて移動する。テレビ等、家電品のうち数キログラム程度の物が跳ねて飛ぶことがある。

（「気象庁震度階級関連解説表」より作成・ウィキペディアより）

▲東日本大震災はマグニチュード9.0、震度7を記録しました

ひとくちメモ

記録が残っている地震の中で、一番大きな地震は、1960年5月にチリで起こった地震です。推定マグニチュードは9.5ともいわれ、地震後、東北地方の太平洋側に巨大な津波が襲来しています。

資産が倍になる利率を調べる式

72÷年利＝元金が2倍になる年数

この式は資産運用において元金が2倍になるには何年かかるかを求めるときに活用される式です。**「72÷年利＝元金が2倍になる年数」という式は「年利×元金が2倍になる年数＝72」という式でも表すことができます。72の法則ともいいます。**

この式の「年利（%）」に年利率（複利）を当てはめると元本が2倍になるのに必要な年数が求められます。つまり投資の世界においては「年数」に運用年数を当てはめると元本が2倍になるのに必要な年利が求められるのです。

元金Aが2倍になる年利率rと年数Nの関係が次のような式で表現できます。

$$2A = A(1 + r)^N$$

これは単なる自分の資産が2倍になるにはどれくらいの年数がかかるという以外にも、自分の借金が返済をしないでいると何年で借りた金額が倍になってしまうかを求めることにも活用できます。たとえば金利18％で100万円を借りた場合、72÷18＝4となり、4年間で借金は200万円になる計算になります。

非合法の金融機関で、年利50％なんていう金利でお金を借りてしまうと、72÷50＝1・44、つまり1年半もかからない期間に借りた元金が倍になってしまう計算になってしまいます。

72の法則を発見した人は不明ですが、文献上の初出は、イタリアの数学者、ルカ・パチョーリが1494年に出版した『スムマ』と呼ばれる数学書です。

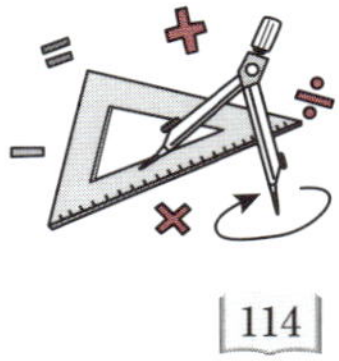

72の法則とは

72 ÷ **利率** ＝ **2倍になるのに要する年数**

メガバンクの普通預金の金利は

0.001%

100万円預けて金利で200万円になる年数

72÷0.001＝ 72000年

バブルの頃には年利６％なんていう定期預金も存在していました。72 ÷ 6 ＝ 12 年で元金が 2 倍になってしまう計算となります！（近似値）

金利のはなし

100万円を金利8%のローンで10年かけて返済すると毎月約1.2 万円ずつの返済となり、総額では約146万円を支払う計算になります。金利8%でもこんな額になってしまうのです！

※元本返済型の計算です

ひとくちメモ

72 で年利を割ると元金が 2 倍になる理由は、ここでは数学的にかなり解説が難しいので割愛しますが、$2A = A(1+r)^N$ から 2 の自然対数が 0.693 となり、72 に近い数値になるからです。

GDPがどれくらいの額になるかを調べる

GDP＝個人消費＋企業投資＋貿易収支＋政府支出

GDPとは国内総生産のことで、一定期間内に国内で産み出された付加価値の総額のことです。国民全体が儲けた総額といえばわかりやすいかと思います。外国で生産された輸入品はGDPには含まれません。

国の経済の姿を表す指標としてGDP（国内総生産）が現在は重要視されていますが、国の経済の姿を表すもうひとつの指標として、GNP（国民総生産）があります。1980年代頃まではこちらの数値が重要視されていました。

GNPの数値は、外国に住む日本人の生産量は含みますが、国内で経済活動をする外国人の生産量は含みません。時代の流れとともに、国家を単位とする経済指標としては実態に即さなくなったと考えられました。

GDPは大きく分けて二種類あります。ひとつが「名目GDP」であり、もうひとつが「実質GDP」です。「名目GDP」は物価の変動を含む、経済活動を示す市場価格で評価した数値であり、「実質GDP」は物価の変動をとり除いた数値です。

たとえば、ここに1万円の自転車があったとしましょう。1年間に10台売れたとします。この年は物価の変動はなかったので、1万円×10台＝10万円というのが「実質GDP」となります。

一方、物価変動があり、1台1万2千円になると、1・2万円×10台＝12万円となりこちらは「名目GDP」となります。実質は数量で名目は金額での評価となります。

GDPは国内の付加価値の総合

農　家	（1リットルの牛乳を生産し100円でメーカーに売りました）	付加価値 100円	Ⓐ
メーカー	（牛乳をもとにしてチーズを作りそれを問屋に200円で売りました）	付加価値 100円	Ⓑ
問　屋	（メーカーから仕入れたチーズを小売店に２５０円で売りました）	付加価値 50円	Ⓒ
小売店	（仕入れたチーズを消費者に350円の価格で売りました）	付加価値 100円	Ⓓ

付加価値の合計 Ⓐ+Ⓑ+Ⓒ+Ⓓ ＝350円

付加価値の合計は350円になりました。
この考え方がGDPの基本的な考え方です。

GDP
- 名目GDP＝物価の変動を考える
- 実質GDP＝物価の変動を考えない

※経済指標の基本となる数値が実質GDPです

ひとくちメモ

育児や家事のように金額では表せないものが存在します。掃除や洗濯を主婦・主夫がいくらしてもお金は発生しないと考えられ、GDPには含まれません。経済学の検討課題のひとつといわれています。

経済成長がどれくらいなのかを調べる式

経済成長率＝（当期のGDP－前期のGDP）÷前期のGDP

経済成長率とは、四半期（３カ月）や１年間というように、一定期間において、経済にどの程度のＧＤＰの動きがあったのかその変化を、百分率の％で表したものです。

基本となる数字はＧＤＰ「国内総生産」です。前項で説明しましたが、ＧＤＰには「実質ＧＤＰ」と「名目ＧＤＰ」があります。経済成長率も「実質成長率」と「名目成長率」があります。物価の上昇、インフレ分が入っているのが「名目成長率」ですから、物価上昇分を調整した数値が「実質成長率」ということになります。

一般的に物価上昇の調整をした「実質ＧＤＰ」の数値を元にした「実質経済成長率」を「経済成長率」と呼んでいます。

「実質経済成長率」のメリットは、物価変動の影響が取り除かれているため、時系列による変化を比較しやすいことです。しかし物価変動とあわせて算出する必要があり、計算が面倒であり、また名目経済成長率のほうが実感に近いといわれる場合もあります。

１９５９年～１９７３年の高度経済成長期の経済成長率は平均10％を上回っていました。しかし、バブルがはじけた後の１９９０年代以降の経済は低迷し現在に至っています。

２０１８年６月19日、経済産業省は、２０１８年の実質経済成長率は２・４％、２０１９年を２・０％の見込みと発表しました。ちなみに２０１６年は１・４％、２０１７年は１・１％と推移しています。

安倍政権以降の実質GDP成長率の動き

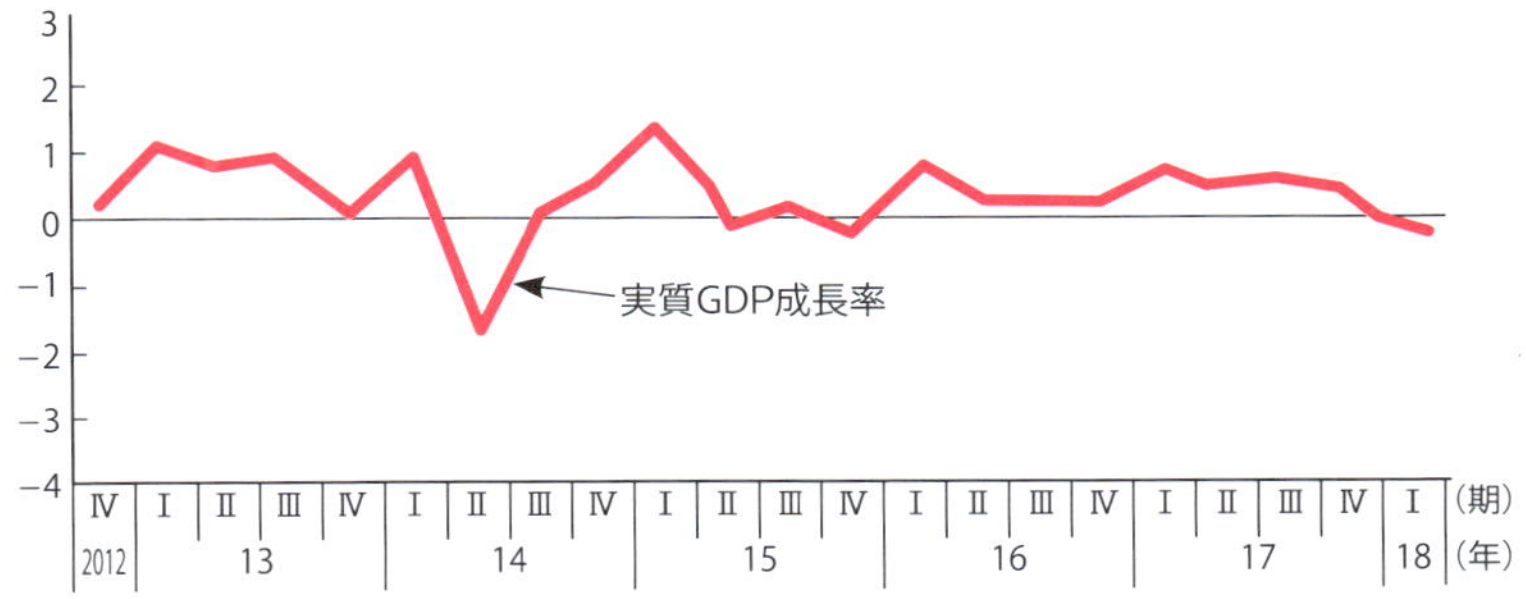

※内閣府の平成30年度年次経済報告より作成

各国の名目国内総生産の順位の変動

	1987年	1997年	2007年	2017年
1位	アメリカ	アメリカ	アメリカ	アメリカ
2位	日本	日本	日本	**中国**
3位	西ドイツ	西ドイツ	**中国**	日本
4位	フランス	イギリス	ドイツ	ドイツ
5位	イタリア	フランス	イギリス	フランス
6位	イギリス	イタリア	フランス	イギリス
7位	ソビエト	**中国**	イタリア	インド
8位	カナダ	ブラジル	スペイン	ブラジル
9位	**中国**	カナダ	カナダ	イタリア
10位	スペイン	スペイン	ブラジル	カナダ

※ 2017年は推定

中国がダントツに
伸びてきている
ことがわかります

ひとくちメモ

2017年の191カ国を対象とした経済成長率ランキングを調べてみると、第1位はリビア、2位はエチオピアとなっています。日本はなんと191カ国で150位となっています。

日経平均株価とTOPIXを調べる

日経平均株価＝225銘柄の平均値

日経平均株価とは、東証一部に上場している会社の中から選ばれた、225の企業の株価の平均値、つまり225銘柄の平均株価のことです。日経225とも呼ばれています。1991年9月までは、日経平均株価の算出対象銘柄の選び方は非常に単純でした。「裁量的な銘柄の入れ替えはせず、採用銘柄が倒産したり合併して消滅した場合にのみ、銘柄を補充して225銘柄にする」というものでした。

1991年9月以降は、「著しく流動性を欠く銘柄は除外する」というルールが追加され、現在構成されている225銘柄では、ファーストリテイリング1社の値動きが、日経平均株価指数全体の値動きの約8%を占めたことがあります。株価寄与度上位のKDDI、ファナック、ソフトバンク、京セラの5社で、株価指数全体の約20%を占めることになり、この5社の株価が日経平均株価に大きな影響を与える傾向にあります。

TOPIX（トピックス）とは、東証株価指数のことです。日経225とは違い、こちらは株式市場全体の相場の動きを指数化したものです。算出開始日は、1969年7月1日で、その時点の時価総額を100と定め、それに比べてどう変化したか、その割合を数値化しています。日経平均株価は円で表記されますが、TOPIXは割合ですのでポイントで表します。バブル時には2884・8ポイントまで上昇しましたが、2018年9月28日現在では、1817・25ポイントで推移しています。

2013年1月からの日経平均株価の動き

（安倍政権以降）

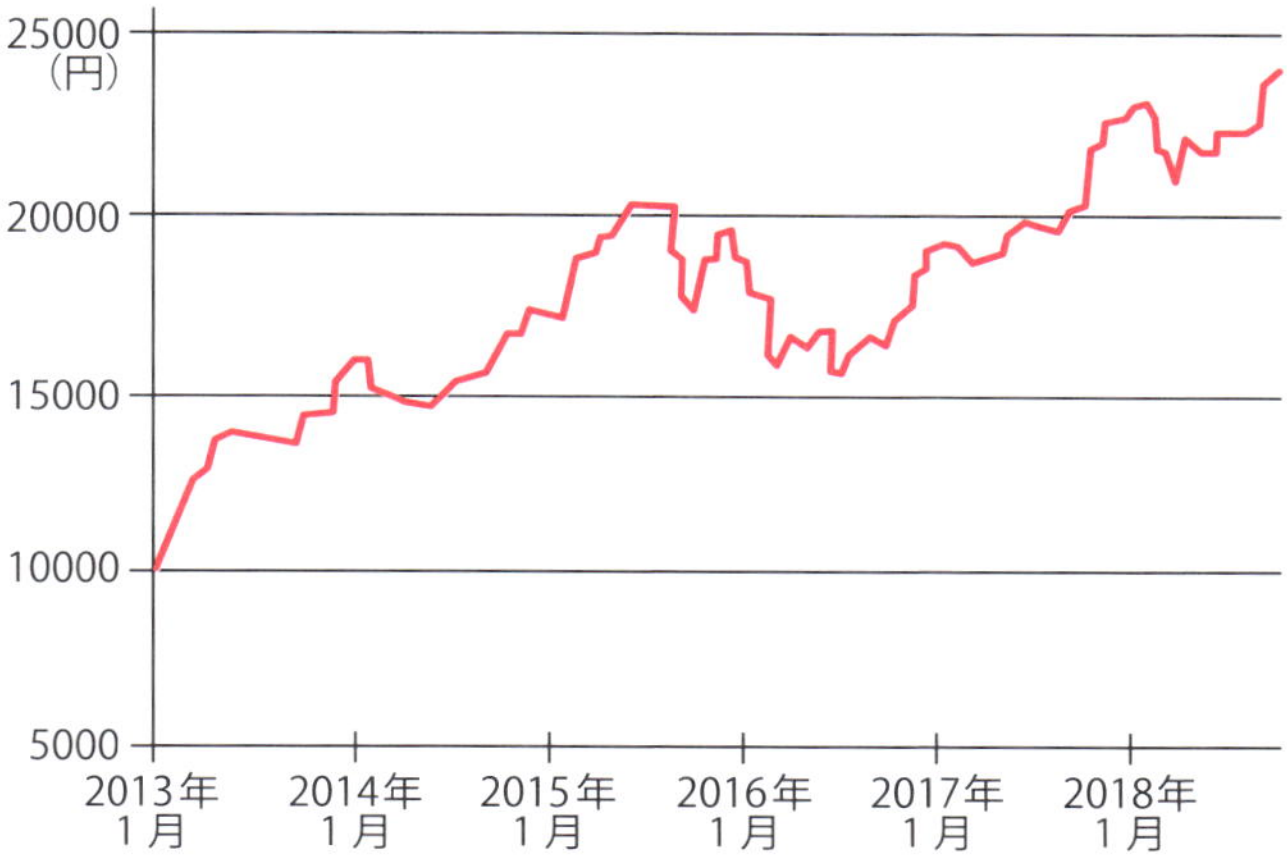

▲東京証券取引所

▲取引所内のマーケットセンター

日経平均株価の最高値は1989年12月29日に取り引き時間中に記録した3万8957円です！

ひとくちメモ

ファーストリテイリングのような大型株の株価を意図的に吊り上げることにより、日経平均株価を自己の有利な価格に誘導する投機的な取引もしばしば行われており、問題とされています。

ギリシア時代から始まった幸せを求める数学

計算が速く正確にでき、様々な公式や図形の定理などを理解し、そしてそれらを覚えるのが数学の勉強と考えている人がいます。また普通の人が数学を活用するのは入学試験の問題を解くときぐらいです。経済学や社会学や心理学で数学を使う場面がありますが、理系よりも利用する機会は少なくなります。そのため数学と縁遠くなる人が多くなるのかもしれません。

しかし数学の歴史を調べると、数学に魅了された多くの人を発見できます。数学の始まりは古代ギリシアの頃からといわれています。それ以降の主な数学者を調べていくうちに「ある発見」をしました。それは数学だけで業績を残していた学者は数えるほどしかいなかったことです。

1番目立ったのは数学者で哲学者という組み合わせです。古代ギリシアのピタゴラス、タレス、17世紀頃のフランスのパスカル、デカルト、同じ頃のドイツのライプニッツなどです。次に目立ったのが数学者と物理学者の組み合わせです。古代ギリシアのアルキメデス、17世紀イギリスのニュートン、フランスのフェルマーなどです。数学者と技術者といった組み合わせもあります。紀元

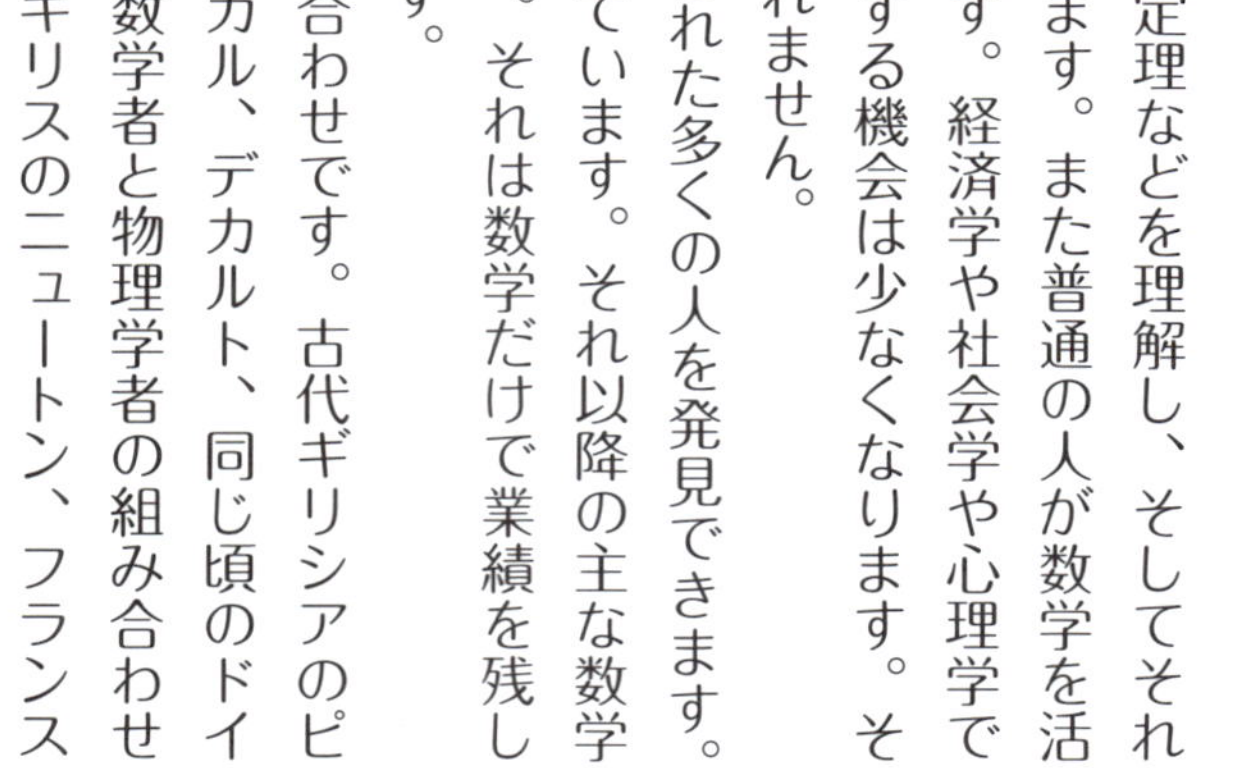
社会人になると数学とふれあう機会が少なくなってしまいますが、振り返ると新しい発見があるかもしれません

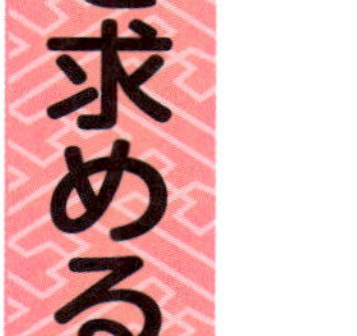

前2世紀頃のアレクサンドリアのヘロン、17世紀頃のイタリアのチェバなどです。多くの数学者が、数学だけで生活するのは難しかったといった以外の理由がありそうです。

数学の数や数式は一定の約束や規則によって成り立っています。黄金比のように見た目に美しい形や図形があります。これらの神秘的な美しさが、哲学者や科学者を魅了したのではと推測できます。地上の人間や宇宙の星や月や太陽といった自然界のことを考える哲学者が、数学に関心をいだくのは自然の流れだったのではないでしょうか。

数学を利用して科学技術が発展し、近代文明が築かれましたが、数学は実利的な自然科学や社会科学の単純な道具だけではなく、数学そのものに美しさがあります。規則正しく並んだ数列や、三角関数の対称になっている美しい曲線のグラフを見て、感動する人も多いのではないでしょうか。

数学者と哲学者の組み合わせ

古代ギリシア時代	ピタゴラス　タレス
17世紀頃	パスカル（フランス）　デカルト（フランス） ライプニッツ（ドイツ）

数学者と物理学者の組み合わせ

古代ギリシア時代	アルキメデス
17世紀頃	ニュートン（イギリス） フェルマー（フランス）

数学者と技術者の組み合わせ

紀元前2世紀頃	ヘロン（アレクサンドリア）
17世紀頃	チェバ（イタリア）

Column
＜ 5 ＞

2次方程式の解の公式は人生に役立つの?

10年程前に、ある作家が数学の２次方程式の解の公式を取り上げ、数学教育に対して批判的な意見を述べていました。なぜこのような誤解がくり返し起きるのかを、２次方程式を例にして今回は考えてみることにします。

２次方程式の一般式は次のようになっています。$ax^2+bx+c=0$

x は変数で a, b, c は定数です。この２次方程式の解の公式は

$x=\dfrac{-b\pm\sqrt{b^2-4ac}}{2a}$ です。計算が少し大変ですが、基本的な因数分解の方法を知っていれば解にたどり着けます。自力で解を導くことができた瞬間、何ともいえない達成感を味わうことができる中・高生もいると思います。2020年、小学生からプログラミングが授業に取り入れられます。２次方程式の解の公式を導き出す「プロセス」は、プログラミングの論理的思考を養う練習と同じなのです。数学に対してどのように向き合うかが、好き嫌いの別れ道のような気がします。仕事でも勉強でも遊びでも、「結果」だけでなく途中の「プロセス」を楽しむことができるかどうかという、人の生き方とも関係します。数学を「結果」のみにこだわるなら、「できる・できない」ことだけが気になり、公式を暗記するのが苦痛で数学が「嫌」になってしまうのは当然かもしれません。結果のことをあまり気にしないと「数学ってけっこう面白いな」と思えるようになります。「丸暗記勉強法」では、数学がつまらなくなるのは当然です。数学も小説やTVドラマのように、プロセスを楽しめるようにすると、人生面白くなるのではないでしょうか。

参考文献

読む数学記号（瀬山士郎 著／角川ソフィア文庫）

はじめて読む数学の歴史（上垣渉 著／角川ソフィア文庫）

「数字」で考えれば仕事の９割がうまくいく（久保憂希也 著／中経出版）

面白いほどよくわかる微分積分（大上丈彦 監修／日本文芸社）

子どもに伝えたい三つの力（斎藤孝 著／NHK出版）

子どもの社会力（門脇厚司 著／岩波書店）

大人に役立つ算数（小宮山博仁 著／文藝春秋）

わが子にほんとうの学力をつける本（小宮山博仁 著／サンマーク出版）

新しい数学１・２・３（東京書籍）

新編数学Ⅱ（東京書籍）

思わず教えたくなる数学66の神秘（仲田紀夫 著／黎明書房）

数学公式のはなし（大村 平 著／日科技連）

数学がわかる（朝日新聞社）

算数・数学の超キホン！（畑中敦子／東京リーガルマインド編 著）

マンガ・数学小辞典（阿部恒治 著／講談社）

岩波数学入門辞典（岩波書店）

少しかしこくなれる単位の話（笠倉出版社）

少しかしこくなれる数式の話（笠倉出版社）

生活に役立つ高校数学（佐竹武文 編著／日本文芸社）

面白いほどよくわかる数学（小宮山博仁 著／日本文芸社）

お金の流れでわかる世界の歴史（大村大次郎 著／KADOKAWA）

現代用語の基礎知識（自由国民社）

知らないと恥をかく世界の大問題（池上彰 著／角川マガジンズ）

世の中のしくみ雑学辞典（猪又庄三 著／池田書店）

経済学を学ぶ（岩田規久男 著／ちくま新書）

●WEB関連　各項目関連サイト Wikipedia・他

あとがき

このあとがきを読もうとしているかたは、きっとこの本を最後まで読んでいただいたのではないでしょうか。ありがとうございました。ここでは私の数学に対する思いを書いてみたいと思います。数学が嫌いになる原因をまず考えてみました。数学は「できる、できない」がはっきりしている教科と思われています。問題を解くことだけが数学の勉強だと思い込んでしまいがちです。正解なら気分がよいし、間違えば落ち込みます。学校での学びを「受験のため」という目的に絞って「勉強」する親子がふえています。その人たちにとっては数学の「できる、できない」は成績がよいか悪いかのバロメーターになり、プレッシャーを受けることになります。

最近の教育心理学や教育社会学の研究では、人間には様々な能力があることがわかってきました。学校の成績やＩＱ（知能指数）だけでは判断できない、自分でも気付かない能力が眠っていると考えてもよさそうです。数学は「できる・できない」を大変測定しやすい教科です。また「数学の問題が解ければＩＱが高く頭がいい」、と決め込んでしまう人も出てきます。「できる・できない」ことについ、こだわってしまい、「数学って大嫌い！」という人がふえてしまったとしたら、大変不幸なことではないでしょうか。「できる・できない」ことにこだわり過ぎると、「結果だけ」に関心が向いてしまいます。問題を解けなかったときの挫折感が強いと、「なぜ自分は間違えたんだろう」ということを検証する気力さえ失せてしまいがちです。検証することをここで諦めたら、人間の大切な能力の1つである「メタ認知」が発達しない可能性があります。メタ認知とは、『広辞苑』には「自分で自分の心の働きを監視し、制御すること」と出ています。教育の世界なら「学習したことを自分で検証する能力」ととらえてもいいと思います。数学の問題を間違ってしまったら検証する必要が出てきます。間違えたことを検証するには、考えた道筋を追っていかなくてはなりません。自分の働きを監視することと似ています。

実は数学はプロセスを大変重要視する学問なのです。「間違っている」ことが明らかになったら、「どこが違うのか」を検証しなければ、いつも同じ間違いをして最後は「数学って私ダメかも」となってしまいます。数学を好きになるには、「結果重視」から「プロセス重視」の学び方に転換することです。「できる・できないを他人と比較しない」が数学が得意になるキーワードです。よく考えてどうしてもわからないときは「ペンディング」にしましょう。ここでちょっと小休止し、他の問題を考えたり、体を動かしたりするのも有効です。できるだけ頑張った後、他のことを考えるのがポイントです。それから検証してみましょう。

私はスポーツクラブでヨガのレッスンを受けていますが、ほとんどのインストラクターが次のようなことを言います。「ヨガは他の人のことは気にしない。隣の人のポーズと同じでなくていいの。比べる必要はありません。でもぎりぎり自分ができるところまで頑張って！」このおかげでスポーツや体を動かすことが得意とはいえない私が7年近く続いています。数学の学びと同じだなと思いながらレッスンを受けています。

小宮山博仁

【監修者略歴】

小宮山博仁（こみやま　ひろひと）

1949年生まれ。教育評論家。日本教育社会学会会員。46年程前に塾を設立。1997年から東京書籍グループで、「学ぶことが楽しくなる」高校受験主体の塾を運営。2005年より学研グループの学研メソッドで中学受験塾を運営。学習参考書を多数執筆。最近は活用型学力やPISAなど学力に関した教員向け、保護者向けの著書、論文を執筆。

著書・監修書：『塾－学校スリム化時代を前に』（岩波書店・2000年）、『大人に役立つ算数』（文春新書・2004年）、『面白いほどよくわかる数学』（日本文芸社・2004年）、『子どもの「底力」が育つ塾選び』（平凡社新書・2006年）、『「活用型学力」を育てる本』（ぎょうせい・2014年）、『はじめてのアクティブラーニング社会の？〈はてな〉を探検』全3巻（童心社・2016年）『眠れなくなるほど面白い　図解 数学の定理』（日本文芸社・2018年）など。

小論：「教育改革の論争点：予備校・進学塾の指導方法の採用」（教育開発研究所・2004年）「ドリル的な学習は算数の学力を育てるか」（金子書房・児童心理・2009年2月）「文章問題・記述式問題が不得意な子どもにどうかかわるか」（金子書房・児童心理・2009年12月）、「活用型学力のすべて・活用型学力と向き合う」（ぎょうせい・2009年）、『「10歳の壁」プロジェクト報告書：10歳の壁を超えるには（算数を中心に）』（NHKエデュケーショナル・2010年）、「学校外の子どもの今①～④」（金子書房・児童心理・2013年9月～12月）、「管理職課題解決実践シリーズ2」9章PISAにみる活用型学力とその育み方（ぎょうせい・2015年）、「新教育課程ライブラリ vol.5」＜受験のいまとこれからの学力観＞（ぎょうせい・2017年）、「教育社会学事典」7章、生涯学習と地域社会＜民間教育事業＞（丸善出版・2018年）など。

眠れなくなるほど面白い
図解 数と数式の話

2018年12月10日　第1刷発行
2022年6月20日　第4刷発行

監修者
小宮山博仁
発行者
吉田芳史

印刷所
図書印刷株式会社
製本所
図書印刷株式会社
発行所
株式会社日本文芸社
〒100-0003　東京都千代田区一ツ橋 1-1-1　パレスサイドビル 8F
TEL.03-5224-6460［代表］
＊

ISBN978-4-537-21638-7
112181128-112220606 Ⓝ04（300008）
編集担当・坂

URL　https://www.nihonbungeisha.co.jp/